Lichtleiterbasierte körpernahe Funktionstextilien

—*LisensteX*—

Elisabeth Hardi
Michael Koerdt

Gefördert durch:

Bundesministerium
für Wirtschaft
und Energie

aufgrund eines Beschlusses
des Deutschen Bundestages

unter der Kennung 20206 N/1.

Die **Forschungsberichte aus dem Faserinstitut Bremen**
erscheinen in unregelmäßiger Folge.
Herausgegeben vom
FASERINSTITUT BREMEN e. V. — FIBRE —
Am Biologischen Garten 2
D-28359 Bremen

Der vorliegende Band erscheint als Nr. 64 dieser Reihe im April 2021.

Autoren: Elisabeth Hardi und Michael Koerdt
Titel: Lichtleiterbasierte körpernahe Funktionstextilien —LisensteX—

Herstellung und Verlag: BoD – Books on Demand, Norderstedt

ISBN dieses Bandes: 9783753476926
ISSN der Reihe: 1618-7016

Inhaltsverzeichnis

1 Einleitung

Dieser Forschungsbericht dient der Veröffentlichung der in dem Projekt **Li**chtleiterba**sie**rte Funktio**nstex**tilien — *LisensteX* erzielten Ergebnisse. Dieses Forschungsvorhaben der Forschungsvereinigung Forschungskuratorium Textil e. V. wurde über die AiF – Arbeitsgemeinschaft industrieller Forschungsvereinigungen „Otto von Guericke" e. V. im Rahmen des Programms zur Förderung der industriellen Gemeinschaftsforschung (IGF) vom Bundesministerium für Wirtschaft und Energie aufgrund eines Beschlusses des Deutschen Bundestages unter der Nummer 20206 N/1 gefördert.

Projektziel war die Herstellung von lichtleiterbasierten körpernahen Funktionstextilien. Das wesentlich Neue ist, dass dafür durchmesserreduzierte, perfluorierte Polymerlichtleiter verwendet wurden. Diese zeichnen sich durch ihre besonders textilgerechten Eigenschaften aus: geringe Steifigkeit, hohe Bruchdehnung, hohe optische Transparenz auch bei kleinen Biegeradien und hohe chemische Beständigkeit. Die Lichtleiter wurden im Textil als Sensor für Verformungen oder zur Beleuchtung eingesetzt.

Der Lösungsweg war wie folgt: Der Durchmesser von handelsüblichen perfluorierten Polymerlichtleitern liegt bei 500 µm. Dieser wurde auf unter 100 µm reduziert, indem der Faserstützmantel chemisch entfernt wurde. Dadurch wird die Faser besonders formflexibel.

Die primären optischen Eigenschaften des Wellenleiters werden dadurch nicht beeinflusst. Diese optischen Funktionsfasern erlauben eine unauffällige Integration in Textilien und haben keinen negativen Einfluss auf die mechanischen Textileigenschaften und gegebenenfalls auf ihren Tragekomfort.

Zur Integration in anwendungsgerechte Textilien wurden verschiedene Verfahren wie das Sticken und Weben eingesetzt. Die große Nachgiebigkeit der Fasern stellt dabei hohe Anforderungen an die textilen Verfahren.

Die optischen und mechanischen Eigenschaften der Fasern und Funktionstextilien wurden auch unter Belastung untersucht. Die Ergebnisse werden für Gestaltungsregeln und den Aufbau von Funktionsmustern genutzt, definieren deren Gebrauchsbedingungen und stehen der deutschen Industrie für die Entwicklung neuer Produkte zur Verfügung.

Produkte sind in Bereichen zu sehen, wo die Vorteile von Polymerlichtleitern zum Tragen kommen. Ihre Vorteile liegen neben den mechanischen Eigenschaften in ihrer elektromagnetischen Verträglichkeit und Multiplexfähigkeit, woraus deutlich verringerte Kontaktierungs-, Verkabelungs- und Installationsaufwände resultieren. Textile Sitzbelegungs-, Gurtsensoren und Beleuchtungstextilien für den Innenraum sind Produktbeispiele. Auch das Structural-Health-Monitoring ist zukünftig ein denkbarer Einsatzbereich.

2 Stand der Wissenschaft und Technik

2.1 Optische Fasern

Je nach Einsatzzweck haben optische Mineralglas- und Polymerfasern (POF – Polymer Optical Fiber) Vor- und Nachteile. Entscheidende Vorteile von optischen Polymerfasern für die Integration in Textilien liegen in ihren mechanischen Eigenschaften. Mineralglaslichtleitfasern sind aufgrund ihrer geringen Duktilität und hohen Steifigkeit ungeeignet, wenn besonders nachgiebige Textilstrukturen [1] oder auch medizinische Textilien [2] Messobjekt oder Lichtleiterträger sind, und erschweren ihre Integration sowie ihren Gebrauch in Textilien [3].

Zu erwähnen ist an dieser Stelle, dass die elastische Dehnung von Mineralglasfasern im Allgemeinen höher ist als die von POF, die üblicherweise viskoelastische Eigenschaften haben [4]. Die Bruchdehnung ist dagegen im Allgemeinen bei POF größer, teilweise um mehr als eine Größenordnung [5]. Gerade für die Biokompatibilität [6] ist es zwingend erforderlich, dass es nicht wie bei spröden Mineralglasfasern zu gesundheitsgefährdenden Faserbrüchen kommt [7].

Es gibt viele Ansätze zur Entwicklung von Funktionstextilien, die auf Lichtleitern basieren [8]. Bisher konnten sich kaum derartige Produkte am Markt etablieren [9]. Ein Grund dafür ist, dass für textilbasierte medizintechnische Anforderungen keine ausreichend geeignete optische Polymerfaser kommerziell erhältlich ist [10].

Das ungenügende Angebot [11] zeigt sich auch in Forschungs- und Entwicklungsprojekten, die solche anwendungsangepassten optischen Polymerfasern als Ziel haben [10]. So werden in dem Sonderforschungsbereich (Transregio) PlanOS einmodige Kernfasern entwickelt [12], wobei an der Technischen Universität Braunschweig einmodige Kern/Mantelstrukturen [13] sowie Polymerfasern für die optische Verstärkung [14] im Vordergrund stehen. Die Entwicklung von Polymerfasern für höhere Gebrauchstemperaturen wird an mehreren Stellen verfolgt [15], [13]. Das Institut für Textiltechnik Aachen ist beteiligt an der Entwicklung von Gradientenindexpolymerfasern [16]. Auch die Entwicklung von photosensitiven Polymerfasern für die Herstellung von Faser-Bragg-Gitter-Sensoren (FBGS) wird vorangetrieben [17].

Bei all diesen Entwicklungen kommen jedoch Polymere mit Kohlenstoff-Wasserstoff-Bindungen (C–H) zum Einsatz, die aber im für viele Messmethoden interessanteren infraroten Spektralbereich im Vergleich zu perfluorierten Polymerfasern eine um mehrere Größenordnungen höhere Dämpfung haben. Dadurch lassen sich aussichtsreiche fortschrittliche Messkonzepte, die z. B. auf mehreren FBGS basieren [18], derzeit mit diesen Fasern nicht industriell anwenden oder sind auf kleinere Messstrecken limitiert [6].

Gerade in Fachliteratur aus dem Bereich „Smarte Textilien" und aus der Medizintechnik findet man den Wunsch nach funktionsangepassten optischen Polymerfasern [10] für die Textilintegration [13] und für Funktionstextilien [19]. Eigenschaften, die wünschenswert sind und in der Literatur aufgeführt werden, sind: 1. kleinere Biegeradien [20] und verbesserte Biegewechselbeständigkeit [21]; 2. verbesserte Transparenz im Vergleich zu C–H-Polymeren [22], [23]; 3. einmodige Lichtleitung [24]; 4. Herstellbarkeit von FBGS, insbesondere in perfluorierten polymeroptischen Fasern (PPOF) [18]; 5. Faserdurchmesser kleiner als 200 µm [10]; 6. Sterilisier- und Waschbarkeit [25]. Diese Anforderungen konnten auf der Forschungsebene bereits durch die optischen, perfluorierten, erst seit dem Jahr 2000 kommerziell erhältlichen Polymerfasern ansatzweise erfüllt werden. Kommerziell erhältlich sind diese mit Durchmessern ab 500 µm von ASAHI und Chromis Fiberoptics Inc.

Als Fazit kann festgehalten werden, dass sich durch verbesserte textilgerechtere Lichtleiter in dem Bereich der lichtleiterbasierten Funktionstextilen, gerade für den medizinischen Bereich, große Fortschritte erreichen lassen [10], die heutzutage aufgrund ihres Mangels an entsprechenden optischen Fasern nicht möglich sind. Mit textilgerecht oder auch körpernahgerecht sind in diesem Projekt folgende Eigenschaften gemeint: Erlaubte Biegeradien liegen bei kleiner gleich 5 mm, die Bruchdehnung ist größer als 10 %, der Faserdurchmesser ist kleiner als 200 µm.

2.2 Intelligente Textilien

Das Forschungsthema gehört zum Gebiet der „Smart Textiles". Für diese Textilien wurden verschiedene Definitionen aufgestellt, unter anderem in DIN CEN/TR 16298:2012-02 (D) [26]. Es existiert jedoch keine allgemeingültige Definition [27]. Es handelt sich aber immer um Textilien, die über integrierte Elemente oder intrinsische Eigenschaften mit ihrer Umgebung interagieren können [6].

Bei der Herstellung von smarten Textilien unterscheidet man zwischen textilintegrierten und textilbasierten Lösungen. Bei ersterer werden die funktionalen Elemente auf dem Textil integriert, z. B. mit der Sticktechnik. Bei textilbasierten Lösungen bilden Fasern oder textile Flächen mit sensorischen oder anderen gewünschten Eigenschaften die Basis für die Funktionalität. Für beide Ansätze müssen verschiedene technische Herausforderungen gelöst werden, darunter die Automatisierung der Fertigungsverfahren, die Reproduzierbarkeit, die Langlebigkeit und die Zuverlässigkeit der Produkte [27].

Das Forschungsfeld existiert seit den frühen 1990ern und basiert auf Pionierarbeiten wie dem Projekt „Wearable Motherboard" [28]. Die Arbeit an der Kombination der Textiltechnik mit unterschiedlichen Disziplinen, wie z. B. der optischen Messtechnik, wurde seitdem in verschiedensten Projekten fortgesetzt, wobei sich die meisten Projekte auf elektrische Sensorierung oder auf Beleuchtung [6] konzentrierten.

Optische Polymerfasern waren deutlich seltener Untersuchungsgegenstand als optische Mineralglasfasern [6]. Grundlegende Arbeiten wurden auf nationaler Ebene auch durch das Institut für Textil- und Verfahrenstechnik Denkendorf (ITV) und das Textilforschungsinstitut Thüringen-Vogtland e. V. durchgeführt. Ein Überblick über die Arbeiten vom ITV, in dem auch POF aufgeführt werden, findet sich in [29]. Eine Projektauswahl zeigen die Tabellen 2.1 und 2.2.

Eine für die Integration der Polymerlichtleiter aussichtsreiche Technik ist das Tailored-Fiber-Placement (TFP), das seit dem Jahr 2006 erfolgreich am Faserinstitut Bremen e. V. (FIBRE) betrieben wird [30]. In einem ZIM-Projekt (ZIM: Zentrales Innovationsprogramm Mittelstand) [31] wurden Mineralglaslichtwellenleiter zusammen mit Digel Sticktech GmbH u. Co. KG mit dem TFP-Verfahren in Preforms für das Thermoformen integriert.

In einer Projektarbeit mit der Firma Gleistein wurden Lichtleiter in textile Dyneema-Seilstrukturen eingeflochten und für Messaufgaben eingesetzt. Aufgrund der Steifigkeit der verwendeten Mineralglaslichtleiter traten diese bei mechanischer Belastung jedoch aus der Seilstruktur heraus, was zu verstärkter optischer Dämpfung und Streustrahlung führte.

Das Thema „Smarte Textilien" wurde und wird an vielen anderen Stellen in Deutschland vorangetrieben. Aktuellere Projekte mit Lichtleitern sind z. B. NextSailSystems oder das Netzwerk „SmartTex" sowie high-STICK plus.

Tabelle 2.1: *Smart-Textile*-Projekte auf nationaler Ebene mit Fokus auf Lichtleiter und POF sowie medizinische Anwendungen

Projekte auf nationaler Ebene	Fokus / Ansatz
„Entwicklung von Leuchttextilien" (Vorhaben-Nr. 14328 N), [32], [33]	Leuchtmittel in Textilien
Entwicklung selbst leuchtender Textilien für den Bereich Haus- und Heimtextilien sowie Bekleidung, Teilprojekt 9: Gewebe mit Lichtwellenleitern [34]	Leuchtende Textilien
Lumitex, ITV [35]	Mit leuchtmittelhaltigem Pigment isoliert beschichteter Kupferdraht als integriertes Leuchtmittel in Textilien
Texoled, TITV [36]	Elektrisch leitfähige Fasern zur Kontaktierung und somit Integration von Leuchtdioden in Textilien
Lumoled, [37], TITV [38]	Leuchtmittel in Textilien, Modifizierung von PMMA-POF (PMMA: Polymethylmethacrylat)
MedKontakt, TITV [39]	Sensorik in Medizintextilien; Beschichtung von versilberten Garnen mit schwer löslichen, redoxaktiven Nanofilmen für Trockenelektroden zur Behandlung neuronaler Lähmungen
„Sensitive Textilstrukturen zur Erschließung neuer Anwendungsmöglichkeiten in der Bau- und Sicherheitstechnik" (AiF-Vorhaben-Nr. / GAG: 192 ZBG 1 / V) [40]	Sensortextilien in Bau- und Sicherheitstechnik, hier auch Einsatz von PPOF
„Entwicklung neuartiger multifunktionaler Bautextilien zum großflächigen Feuchtemonitoring von Holz- und Betonbauwerken" (AiF-Vorhaben-Nr. 17110 N) [41]	Sensortextilien in Bau- und Sicherheitstechnik, hier Einsatz auch von Lichtleitern

Tabelle 2.2: *Smart-Textile*-Projekte auf europäischer Ebene mit Fokus auf Lichtleiter und POF sowie medizinische Anwendungen

Projekte auf europäischer Ebene	Fokus / Ansatz
„Optisches Abtastgerät für Ankerseile" (Referenznummer: BRST-CT98-5527) [42]	Lichtleiter in Seilen
OFSETH [43]	Leuchttextilien mittels verschiedener Herstellungsverfahren: Sticken, Weben, Stricken, Einfädeln
TecInTex „Technology Integration into Textiles: Empowering Health and Security" [44]	Medizinische, mit optischen Fasern funktionalisierte Textilien
[45], [46]	Leuchttextilien mittels verschiedener Herstellungsverfahren: Sticken, Weben, Stricken, Einfädeln

Es herrscht auf dem Gebiet der *Smart-Textiles* also eine rege Forschungstätigkeit, in die sich das Projekt *LisensteX* einfügt. Die behandelte Fragestellung einer für die körpernahe Integration geeigneten Faser und der Technologie für deren Integration ergänzt die Ergebnisse anderer Projekte um eine Verbesserung der Eigenschaften und erweitert potentiell das Anwendungsfeld der *Smart-Textiles* auf den körpernahen Bereich.

3 Forschungsziel und Lösungsweg

3.1 Forschungsziel

In diesem Projekt sollen perfluorierte polymeroptische Fasern hinsichtlich ihres Durchmessers so angepasst werden, dass sie für eine Integration in Textilien geeignet sind, die körpernah eingesetzt werden. Um negative Trageeigenschaften zu vermeiden, sollten die Fasern dafür kleiner als 100 µm im Durchmesser sein.

Diese Fasern sollen dann kontaktiert werden und eine ausreichende Qualität der Signalübertragung sicherstellen, um als Sensoren eingesetzt werden zu können. Die optischen Fasern werden mittels Weben und Tailored-Fiber-Placement (TFP) in Textilien integriert. Dabei wird die Funktionalität als Drucksensor und für die Lichtabstrahlung mithilfe von Messungen sichergestellt. Als Abschluss werden ein Sensortextil und ein Leuchttextil als Demonstratoren hergestellt.

3.2 Verfolgter Lösungsweg

Im Verlauf des Projektes wurden zunächst die Reduzierung des Faserdurchmessers und die Kontaktierung der Fasern verfolgt. Dabei wurden verschiedene Chemikalien getestet und mehrere Fasertypen zweier Hersteller untersucht.

Nach der Entwicklung von Prozessen zur Durchmesserreduktion und zur Kontaktierung der Fasern wurden Transmissionseigenschaften und mechanische Eigenschaften gemessen. Dabei wurde ein Fokus auf die Eigenschaften gelegt, die für die spätere Integration und Sensorfunktion wichtig waren: maximale Druckbelastung, minimale Biegeradien und maximale Zugbelastung.

Bei der Integration wurden die Erkenntnisse aus den vorhergegangenen Untersuchungen umgesetzt und die Fasern mittels TFP und Weben integriert. An diesen Proben wurde die Qualität der Integration mit verschiedenen Methoden untersucht.

Auf dieser Basis wurden dann Versuche zur Sensorfunktion im funktionalen Bereich durchgeführt und die Demonstratoren hergestellt. In Bild 3.1 ist der Lösungsweg schematisch dargestellt.

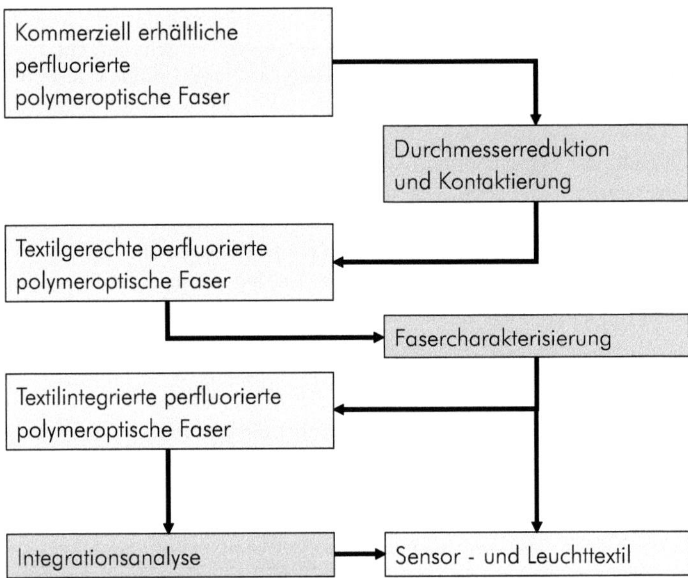

Bild 3.1: Lösungsweg

4 Werkstoffe und Methoden

4.1 Polymeroptische Fasern

Aus den im Kapitel 2 Stand der Wissenschaft und Technik beschriebenen Gründen wurden im Projekt *LisensteX* perfluorierte polymeroptische Fasern (PPOF) verwendet. Um die auf dem Markt vorhandenen verschiedenen Produkte zu untersuchen, wurden PPOF sowohl von der Firma Chromis Fiberoptics als auch von der Firma AGC Inc. verwendet. Dabei handelt es sich jeweils um Fasern ohne sekundären Schutzmantel als Ausgangsmaterial.

In Tabelle 4.1 sind die fünf in diesem Projekt verwendeten Fasern vorgestellt, wobei neben den Materialdaten auch die in diesem Bericht für die Fasertypen verwendeten Abkürzungen dargestellt sind. Im Folgenden werden diese Abkürzungen verwendet, ohne auf die längere Bezeichnung und den jeweiligen Hersteller näher einzugehen, außer dies ist für die Betrachtung einer wirtschaftlichen oder wissenschaftlichen Fragestellung von Bedeutung.

4.2 Textilien und textile Fasern

Für die textile Integration der PPOF mit dem Tailored-Fiber-Placement (TFP) wurden Baumwollstoffe verwendet. Dabei wurden verschiedene Stoffe genutzt, um den Einsatz der Fasern in unterschiedlichen Feldern zu demonstrieren:

- Batist mit $110\,g/m^2$,

- Fahnentuch mit $140\,g/m^2$,

- Köper mit $294\,g/m^2$.

Als Stickfaden wurde das Baumwollgarn Mercifil (Tex 30) von AMANN & Söhne GmbH & Co. KG eingesetzt. Für die Versuche zur Garnintegration durch das Flechten wurde PA 6.6 Garn (dtex 110f34) von der Firma TWD Fibres GmbH verwendet.

Tabelle 4.1: In dieser Arbeit verwendete PPOF mit den Fasereigenschaften nach Herstellerangaben [47], [48], [49], [50]

Hersteller	Faserbezeichnung	Abkürzung	Kerndurch-messer in µm	Durchmesser mit Schutzmantel in µm	Minimaler Langzeit-biegeradius in mm
Chromis	GigaPOF®-62SR	62SR	62,5 ± 5	490 ± 5	5
Fiber-	GigaPOF®-50SR	50SR	50,0 ± 5	490 ± 5	5
optics	GigaPOF®-120SR	120SR	120,0 ± 5	490 ± 5	10
AGC	FGR050055MR	55MR	55 ± 5	490 ± 5	5
Inc.	FGR050080MR	80MR	80 ± 5	490 ± 5	5

4.3 Kontaktierungsmaterial

Um die hinsichtlich des Durchmessers modifizierten PPOF (modPPOF) zu kontaktieren, wurden keramische Ferrulen eingesetzt, deren Außendurchmesser 2,5 mm beträgt. Damit sind diese Ferrulen mit FC/PC-Steckern, wie sie in der Lichtleitertechnik standardmäßig eingesetzt werden, kompatibel. Der Innendurchmesser wurde den modifizierten Durchmessern der modPPOF entsprechend gewählt. Es wurden Ferrulen der Firmen Thorlabs GmbH und Kientec Systems, Inc. verwendet, wobei erstere einen Innendurchmesser von 126 μm und letztere einen von 80 μm aufweisen. Des Weiteren wurden für die Kontaktierung mehrerer modPPOF gleichzeitig MT/MPO-Ferrulen verwendet, die von der Firma ficonTEC Service GmbH zur Verfügung gestellt wurden.

4.4 Herstellung von Textilproben

Zur Herstellung der Textilproben wurden zwei verschiedene Integrationsmethoden erprobt: Weben und das Tailored Fiber Placement (TFP). Für die Herstellung der Webproben wurde ein Handwebrahmen der Firma buttinette Textil-Versandhaus GmbH mit einer maximalen Webbreite von 48 cm und 75 Einschnitten verwendet. Zur Herstellung der TFP-Proben wurde die am Faserinstitut Bremen vorhandene TFP-Anlage JGW 0200-550 der Firma ZSK Stickmachinen GmbH verwendet.

4.5 Messung der optischen Leistung

Zur Messung der relativen optischen Leistung wurde das Gerät RIFOCS 670R Optical Power Meter verwendet. Als Lichtquellen dienten eine superlumineszentes Licht emittierende Diode (SLED) mit einem Emissionsbereich von 1400 nm bis 1520 nm und Laser mit den Wellenlängen von 1310 nm und 1550 nm. Die gemessenen Leistungswerte wurden mit einem Multimeter aufgezeichnet.

5 Ergebnisse

5.1 Funktionsfaserentwicklung

5.1.1 Herstellung und Kontaktierung textilgerechter optischer Funktionsfasern

Als Ausgangsmaterial für die Herstellung der optischen Funktionsfasern wurden PPOF zweier verschiedener Hersteller verwendet (genauere Angaben in Abschnitt 4.1 Polymeroptische Fasern), die mit äußerem Schutzmantel vorlagen. Um die Fasern für die Integration in ein körpernahes Textil zu modifizieren, muss deren Durchmesser reduziert werden. Als Ziel wurde ein Durchmesser unter 100 µm angestrebt.

Um den Durchmesser zu reduzieren, wurden zwei Lösungsmittel getestet: Chloroform und Dichlormethan. Im Vergleich bietet Dichlormethan die besseren Eigenschaften hinsichtlich der vollständigen Ablösung des Schutzmantels und wurde daher für die Optimierung des Ablöseprozesses berücksichtigt. Eine geringfügige optische Dämpfungszunahme ist durch die Ablösung des Stützmantels messbar. Die optischen Eigenschaften der durchmesserreduzierten Faser ermöglichen ohne Einschränkungen die angestrebten Funktionalitäten. Bei der Arbeit mit den Lösungsmitteln muss in einem Abzug und mit geeigneter Schutzausrüstung gearbeitet werden.

Im Weiteren werden die perfluorierten optischen Polymerfasern ohne Schutzmantel als modPPOF bezeichnet. Um diese herzustellen, wurden zwei Wege verfolgt:

Um möglichst lange modPPOF herzustellen, wurden die PPOF um eine Extraktionshülse gewickelt und in einer Soxhlet-Extraktionsanlage für eine Stunde mit 350 ml Dichlormethan gespült (Bild 5.1). Die dabei entstehenden modPPOF haben eine glatte Oberfläche und können in der gewünschten Länge weiterverarbeitet werden.

Als zweiter Weg wurde eine Ablösung des Schutzmantels nach dem ersten Verarbeitungsschritt verfolgt. Dies kann je nach Anwendungsfall die Kontaktierung oder die textile Integration sein. Dabei wurden die PPOF und gegebenenfalls das Textil mit der PPOF in ein Bad aus Dichlormethan getaucht und dort für 3 min belassen. Anschließend wur-

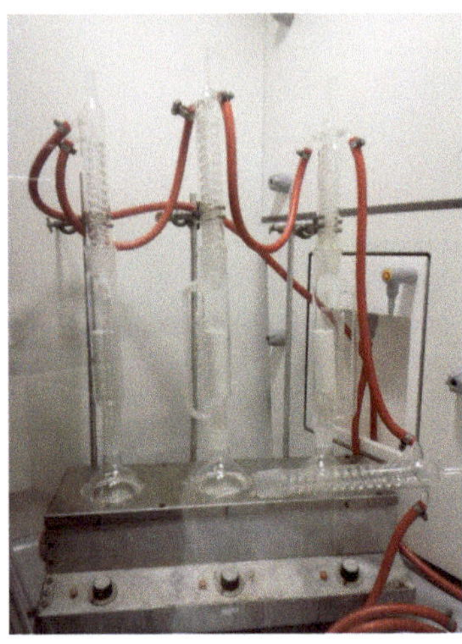

Bild 5.1: Ablösung des Schutzmantels der PPOF mit Dichlormethan in
der Soxhlet-Extraktionsanlage

den die Fasern bzw. das Textil mit den integrierten optischen Fasern zum
Trocknen entnommen.

Beide Methoden erlauben das Erreichen eines Faserdurchmessers je
nach Ausgangsfaser im Bereich von 100 µm, was dem angestrebten Ergebnis entspricht. Aus diesem Grund wurde eine weitere mechanische
Durchmesserreduzierung als unwirtschaftlich bewertet und nicht weiterverfolgt.

Die Kontaktierung der modPPOF erfolgte mittels FC/PC-Ferrulen mit
einem geeigneten Innendurchmesser. Die modPPOF wurde im ersten
Schritt in die Ferrule gefädelt und mit einem bei ultravioletter Bestrah-
lung aushärtenden Kleber (DYMAX 431) so festgeklebt, dass vorne ca.
5–10 mm Faser überstanden und der Kleber einen Tropfen auf der Vor-
derseite der Ferrule ausbildete. Die Faser wurde vorne gekappt und die
Endfläche der Ferrule in den folgenden Schritten plan geschliffen und auf
eine ausreichende Glätte hinsichtlich der optischen Qualität der Kontakt-
fläche gebracht. Dafür hat sich das in Bild 5.2 dargestellte Verfahren
bewährt. Bei den Schliffschritten wurde eine Halterung für die Ferrule
verwendet, die sicherstellte, dass keine Schräge entstand.

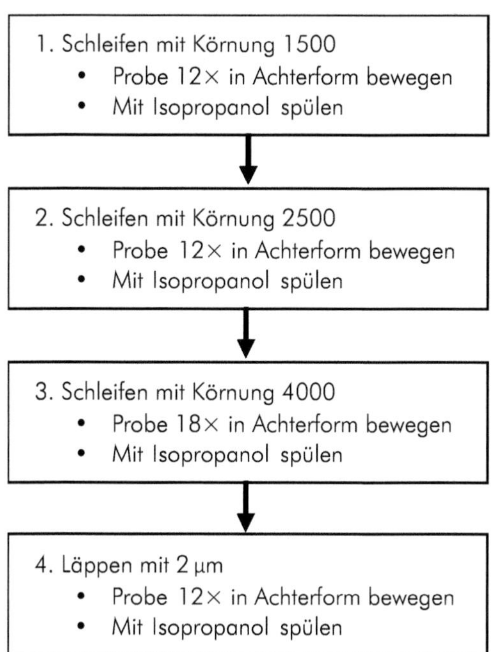

Bild 5.2: Verfahren zur Herstellung einer zur optischen Kontaktierung geeigneten Oberfläche

Durch dieses Verfahren erreicht man eine Kontaktoberfläche mit ausreichend guter Qualität, um deren Verwendung als optische Fasern zu ermöglichen. Die Entwicklung der Oberflächenqualität ist in Bild 5.3 dargestellt.

5.1.2 Eigenschaften der Funktionsfasern

Die Untersuchungen zu den Fasereigenschaften der modPPOF wurden in zwei Kategorien gegliedert: mechanische und thermomechanische Eigenschaften sowie optische Eigenschaften. Es wurden Untersuchungen zum Verhalten unter Zugbelastung im Laboratorium des Projektpartners Textechno Herbert Stein GmbH & Co. KG am FAVIMAT+ durchgeführt.

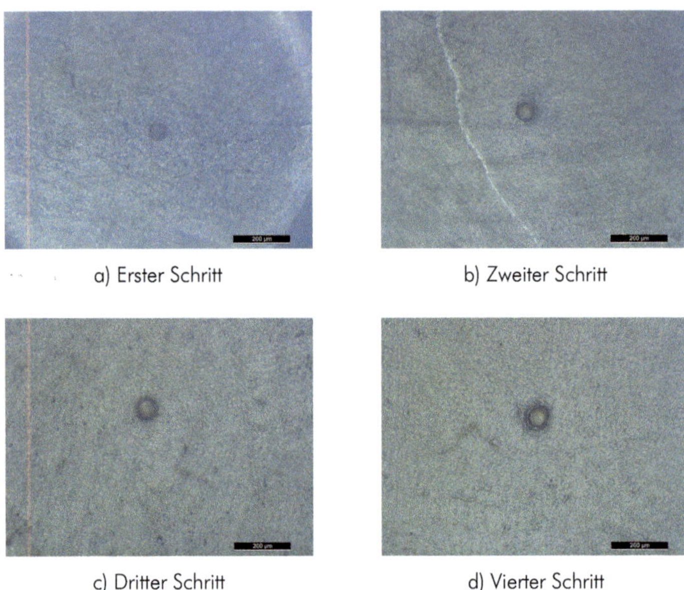

a) Erster Schritt

b) Zweiter Schritt

c) Dritter Schritt

d) Vierter Schritt

Bild 5.3: Lichtmikroskopische Darstellung der Oberfläche einer in eine Ferrule geklebten modPPOF nach den Herstellungsschritten 1–4 (dargestellt in Bild 5.2)

In Tabelle 5.1 sind die Ergebnisse dargestellt. Es wurden jeweils fünf Versuche mit den Fasertypen 55MR und 80MR durchgeführt. Mit dem Fasertyp 50SR wurden zehn Versuche durchgeführt. Die Fasern waren dabei schutzmantelfrei. Eine Prüfgeschwindigkeit von 10 mm/min wurde dabei verwendet, um die Feinheit zu messen. Um die Zugversuche durchzuführen, wurde eine Prüfgeschwindigkeit von 100 mm/min genutzt.

Es ist zu erkennen, dass die Fasern generell stark in ihrer maximalen Dehnung schwanken, die maximal erreichte Kraft jedoch eine sehr niedrige Standardabweichung aufweist. Letzteres zeigt sich auch bei der ermittelten Feinheit, wobei sich der Fasertyp 50SR als schwerer zeigt. Auch bei der maximalen Dehnung zeigt sich ein deutlicher Unterschied zwischen den Fasern der Firmen Chromis Fiberoptics und AGC Inc., wobei erstere eine deutlich höhere Dehnfähigkeit zeigen.

Tabelle 5.1: Ergebnisse der Einzelfaserzugversuche

	50SR	55MR	80MR
Max. Dehnung in %	151,52 ± 100,52	53,43 ± 44,92	16,89 ± 28,11
Max. Kraft in cN	29,91 ± 2,41	15,99 ± 0,47	25,73 ± 0,73
Grenze linearelastische Dehnung in %	2	1,8	1,7
Obergrenze Nutzkraft (50 % der Grenze der linearelastischen Dehnung) in cN	17,6	9,5	15,0
Feinheit in dtex	119,45 ± 0,20	67,27 ± 0,08	110,47 ± 0,13

Betrachtet man den Verlauf der Messkurven (siehe Bild 5.4), so ist der Unterschied in den Standardabweichungen zu erklären. Die maximale Kraft ist bei allen Fasern etwa gleich schnell erreicht, und die Dehnung zeigt dabei einen größtenteils linearelastischen Anstieg mit einem nicht-linearen plastischen Anteil. Der weitere Verlauf der Messkurven variiert stark in der Dehnungslänge, wobei die Kraft leicht absinkt.

Dieser zweite Teil der Messkurven ist höchstwahrscheinlich abhängig von der Qualität der einzelnen Fasern. Er deutet darauf hin, dass bei einigen der Fasern Fehlstellen oder Schädigungen vorlagen, die dann ein schnelleres Reißen zur Folge hatten.

Der lineare Ausdehnungskoeffizient wurde mithilfe der thermomechanischen Analyse für die Fasertypen 62SR und 120SR untersucht. Es wurde der lineare Bereich zwischen 30 °C und 70 °C für die Berechnung verwendet. Die Ergebnisse sind in Tabelle 5.2 zu finden.

Es ist zu erkennen, dass sich der lineare Ausdehnungskoeffizient beider Fasertypen nicht wesentlich unterscheidet. Daraus ist zu schließen, dass es sich bei den beiden Faserkernen um das gleiche Material handelt. Da es sich auch bei den Fasern der Firma AGC Inc. um ein perfluoriertes Polymer handelt, wurden für diese Fasern keine weiteren Messungen durchgeführt, da von einem ähnlichen Verhalten auszugehen ist.

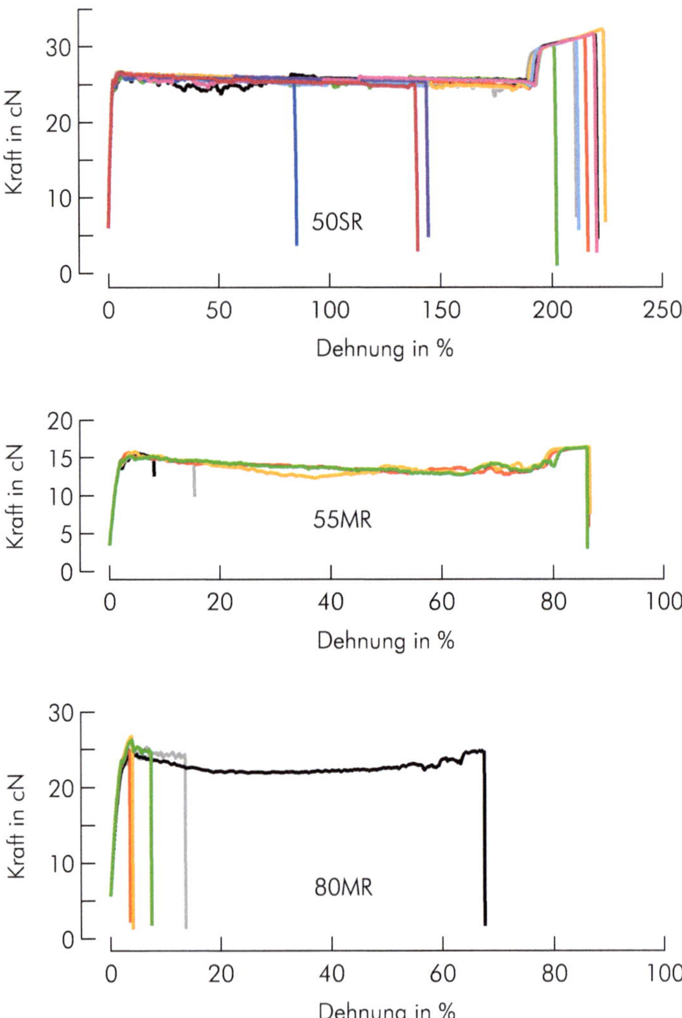

Bild 5.4: Kraft-Dehnungskurven der modPPOF 50SR, 55MR und 80MR

Tabelle 5.2: Ermittlung des linearen Ausdehnungskoeffizienten der Fasertypen 62SR und 120SR

Probe	62SR-1	62SR-2	62SR-3	120SR-1	120SR-2	120SR-3
Ausdehnung in mm/m	4,90	3,33	4,45	3,82	5,28	3,17
Temperaturdifferenz in K	39,33	42,74	55,55	43,59	50,14	35,51
Linearer Ausdehnungskoeffizient in (mm/m) K^{-1}	0,12	0,08	0,09	0,09	0,11	0,09
Median		0,10			0,09	

In DSC-Messungen wurden die in Tabelle 5.3 aufgeführten exothermen Bereiche festgestellt. Die Aufspaltung bei der Aufheizung in zwei Bereiche ergibt sich vermutlich aus der Streckung des Materials im Herstellungsprozess und aus der Tatsache, dass es sich um Gradientenindexfasern handelt. Die graduiert abgestuften Materialien vermischen sich vermutlich oberhalb der zweiten Stufe und sind deshalb bei der Abkühlung nicht mehr zu unterscheiden. Es darf deshalb bei Verarbeitung und im Einsatz der Fasern eine Temperatur von 75 °C nicht überschritten werden, um ausreichend Schutz vor einer permanenten Schädigung der optischen Faser sicherzustellen.

Zur Messung der optischen Leistung unter Belastung wurde das Signal mit einem Multimeter abgenommen, und die Leistungswerte wurden aus dem Optical Power Meter in elektrischen Spannungswerten ausgegeben. Um sicherzustellen, dass dabei ein linearer Zusammenhang vorhanden ist, wurden Messungen bei Laserleistungen zwischen 10 und 100 % und bei zwei verschiedenen Wellenlängen, 1310 nm und 1550 nm, durchgeführt. Wie in Bild 5.5 und Bild 5.6 zu sehen ist, wurde die Annahme eines

Tabelle 5.3: Ergebnisse der DSC-Messungen

Probe	80MR	50SR
Exotherme Bereiche beim Aufheizen in °C	99,10	84,70
	123,95	105,44
Exotherme Bereiche bei der Abkühlung in °C	104,68	98,70

linearen Zusammenhangs bestätigt, und die elektrischen Spannungswerte können somit verwendet werden, um die Dämpfung zu beurteilen.Bei den Dämpfungsmessungen im weiteren Verlauf des Projektes wurde immer eine SLED mit einem Emissionsbereich von 1400–1520 nm als Lichtquelle verwendet, sofern nichts anderes angegeben ist.

Um die Reaktion der optischen Fasern bei mechanischer Belastung hinsichtlich der Dämpfungsänderungen zu untersuchen, wurden Patchcords gefertigt und diese dann mit verschiedenen Gewichten belastet. Es wurde, um eine Vergleichbarkeit sicherzustellen, die belastete Faserlänge gemessen, und es wurden Angaben in g/mm gemacht. Eine beispielhafte Messung ist in Bild 5.7 dargestellt.

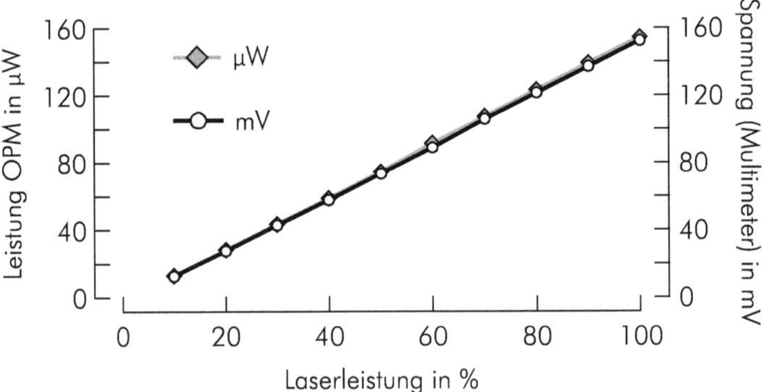

Bild 5.5: Messungen zur Linearität zwischen Optical Power Meter (OPM) und Multimeter bei der Wellenlänge 1550 nm

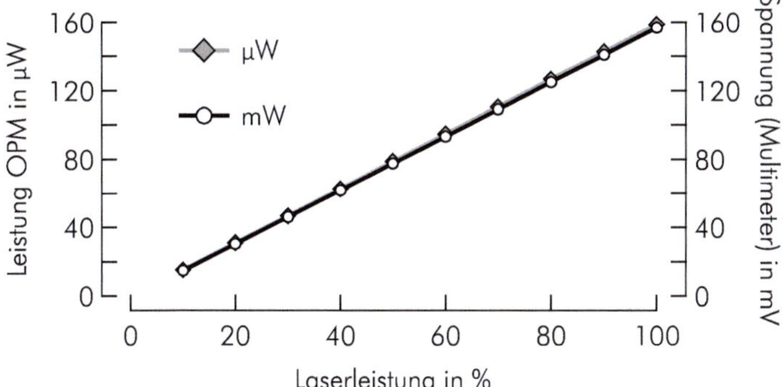

Bild 5.6: Messungen zur Linearität zwischen Optical Power Meter (OPM) und Multimeter bei der Wellenlänge 1310 nm

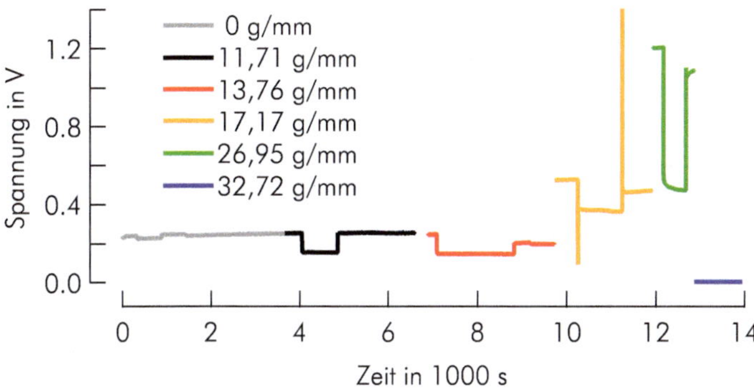

Bild 5.7: Dämpfungsänderung bei Belastung der modPPOF 55MR mit verschiedenen Gewichten

Verglichen wurden jeweils die Fasern 55MR und 50SR, da sie den niedrigsten Durchmesser aufweisen und damit am textilähnlichsten für die Integration sind. Als Ergebnis liegt vor, dass die modPPOF des Typs 55MR bei einer Druckbelastung von 32,72 g/mm und die vom Typ 50SR bei einer Druckbelastung von 26,95 g/mm geschädigt wurden.

Um den minimalen Biegeradius zu ermitteln, wurden ebenfalls Messungen durchgeführt. Es wurde dafür ein modPPOF-Patchcord hergestellt. Um die Dämpfungsänderung durch Biegung zu messen, wurde für jeden Radius jeweils in die ansonsten gerade Faser eine Biegung mit 360° eingebracht und die Dämpfung vermessen.

Beide Hersteller geben für die Fasern mit Mantel und äußerer Umhüllung einen minimalen Biegeradius von 5 mm an. Dieser wurde in den Messungen auch für die modPPOF bestätigt.

5.1.3 Empfehlungen für modPPOF-Herstellung und textile Integration

Bei der textilen Integration muss darauf geachtet werden, dass die Faser nicht über den Grenzwert der Zugkraft im linearelastischen Bereich belastet wird. Da diese Grenzwerte sehr niedrig liegen (zwischen 9,5 cN und 17,6 cN), sollten die Fasern, wenn möglich, mit Mantel verarbeitet werden, und die Mantelablösung sollte später erfolgen. Dabei ist dann darauf zu achten, dass sich die verarbeiteten Textilien nicht in Dichlormethan lösen. Bei der Integration muss beachtet werden, dass ein Radius kleiner 5 mm nicht zu realisieren ist, ohne die Dämpfung zu verstärken.

Für die Sensoranwendungen ist es wichtig, bei der Druckbelastung unter den gemessenen Grenzwerten der Faserschädigung zu bleiben. Aufgrund der Messergebnisse wird hier ein maximales Gewicht empfohlen, das mit einem Sicherheitsfaktor von mindestens 20 % unter den gemessenen Grenzwerten liegt.

5.2 Lichtleiterintegration

5.2.1 Einleitung

Nach der erfolgreichen Herstellung und Kontaktierung der modPPOF und der Prüfung der Fasern hinsichtlich ihrer Funktionalität als Sensoren wurde die Integration der Fasern in Textilien als nächster Schritt verfolgt. Dabei wurden drei Ansätze betrachtet: Die Garnintegration der optischen Fasern, die Integration mit dem TFP-Verfahren und die Integration durch Weben. Weiterhin wurden jeweils Untersuchungen der Integrationsqualität durchgeführt, um die Eignung der einzelnen Verfahren für die weiteren Projektziele zu beurteilen.

5.2.2 Garnintegration

Zur Garnintegration wurde die Rundflechtmaschine RU 2-16-80 der HERZOG GmbH im Technikum des Faserinstituts Bremen e. V. (FIBRE) genutzt. Als erster Versuch wurde ein Vergleich der Integration von handelsüblichen Telekommunikationsfasern (SMF-28) aus Mineralglas (ohne schützenden äußeren Kunststoffmantel, aber mit Akrylatbeschichtung) und polymeroptischen Fasern aus PMMA durchgeführt. Als umflechtendes Garn wurde dabei PEEK (Polyetheretherketon) gewählt.

Wie in Bild 5.8 zu erkennen ist, lässt sich die Mineralglasfaser zwar umflechten, bricht aber leicht bei Biegung. Da während des Flechtprozesses die umflochtene Faser mehrmals umgeleitet und dann aufgewickelt wird, um die Faserspannung konstant zu halten, ist dieses Integrationsverfahren nicht ohne Weiteres für optische Mineralglasfasern geeignet. Im Gegensatz dazu zeigt die ummantelte PPOF eine gute Verarbeitbarkeit im Flechtprozess. Somit wird dieser als einfache und effiziente Methode gezeigt, um Fasern bei Bedarf mit einem schützenden Mantel zu versehen, der bei der textilen Integration keine störenden Auswirkungen auf den Tragekomfort hat.

In weiteren Versuchen wurden für die Ummantelung weitere textile Fasern eingesetzt: PA 6.6 und Baumwolle. Mit dem PA-6.6-Garn der Firma TWD Fibres GmbH wurde ein Garn verwendet, das sich vom relaxierten bis zum vollständig gespannten Zustand um 230 % dehnen lässt. Mit diesem Garn wurden Integrationsversuche durchgeführt. Dabei wurden die Parameter „Flechtwinkel" und „Einstiegswinkel" der umflechtenden Garne variiert. Der Flechtwinkel kann an der Maschine zweistufig als großer oder kleiner Winkel eingestellt werden, indem das übertragende Zahnrad getauscht wird. Der Einstiegswinkel kann variabel über die Höhe der Flechthalterung eingestellt werden. Dafür wurden drei Winkel ausgewählt, wovon zwei den jeweiligen Maximal- beziehungsweise Minimalwert darstellen. Der dritte Winkel liegt in der Mitte. In Tabelle 5.4 sind die verwendeten Kombinationen dargestellt. Um die Variation der Prozessgrößen so gering wie möglich zu halten, wurde zuerst der große Flechtwinkel eingestellt, indem das entsprechende Zahnrad verbaut wurde. Dann wurden die Einstiegswinkel vom minimalen zum maximalen variiert. Anschließend wurde das Zahnrad getauscht und der Einstiegswinkel stufenweise reduziert.

Da in diesem Versuch die Parameter getestet wurden, wurde mit einer optischen Faser aus PMMA mit Mantel gearbeitet, um die begrenzte

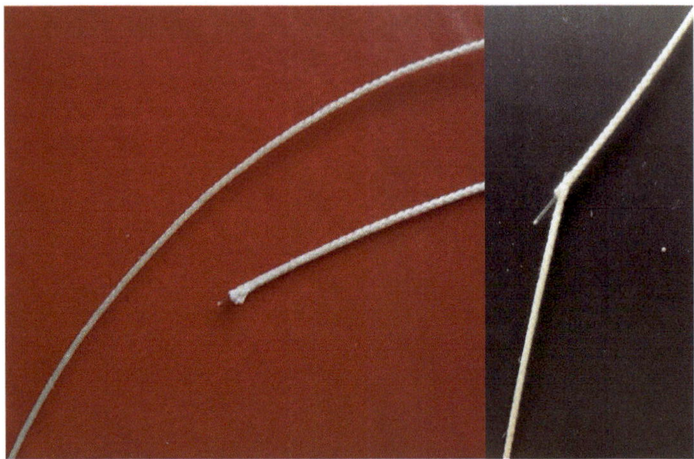

Bild 5.8: Mit PEEK umflochtene polymeroptische Faser aus PMMA (links) und optische Mineralglasfaser (rechts). Letztere weist eine im Flechtprozess entstandene Bruchstelle auf

Menge an PPOF für andere Versuche freizuhalten. Das mechanische Verhalten der beiden Fasertypen mit Mantel unterscheidet sich nicht in den relevanten Zugbelastungskriterien.

In Bild 5.9 ist zu erkennen, dass durch die starke Dehnbarkeit der umflechtenden Fasern eine Biegung der optischen Faser in verschiedener Ausprägung erreicht wird. Aus Bild 5.9 ist deutlich zu erkennen, dass der Flechtwinkel in diesem Fall den größten Einfluss auf das Ergebnis

Tabelle 5.4: Versuchsmatrix bei den Flechtversuchen mit PA 6.6 mit Probenbezeichnungen

Einstiegswinkel	27°	42°	57°
Großer Flechtwinkel	P1	P2	P3
Kleiner Flechtwinkel	P6	P5	P4

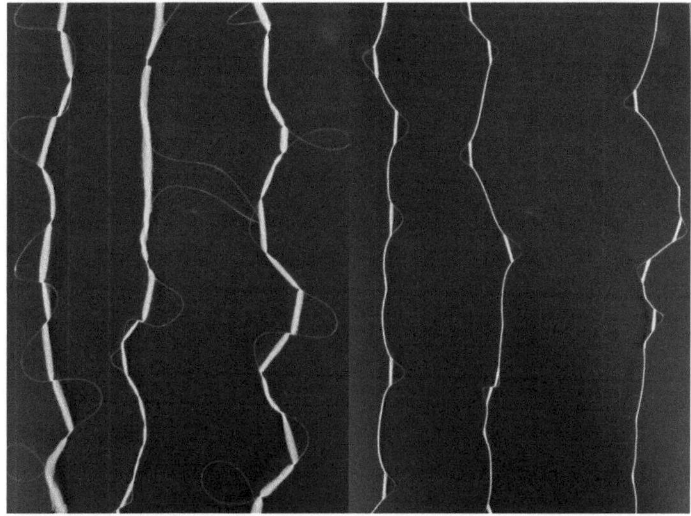

Bild 5.9: Ergebnisse der Flechtversuche mit den Parametern aus Tabelle 5.4, von links nach rechts: P1, P2, P3, P4, P5 und P6

hat. Der große Flechtwinkel führt zu einer stark unregelmäßigen Ausbildung der Schlaufen hinsichtlich ihrer Tiefe und Breite. Diese Variation ist bei den Parametern P2 am stärksten ausgeprägt, P1 und P3 ergeben aber auch keine regelmäßigen Ergebnisse.

Im Gegensatz dazu erhält man mit dem kleinen Flechtwinkel ein deutlich homogeneres Ergebnis. In Bild 5.10 ist die statistische Auswertung der Proben dargestellt. Dabei zeigt sich, dass die Schlaufengeometrie bei allen Parameterkombinationen mit dem kleinen Flechtwinkel im Rahmen der Standardabweichung liegt und somit der Einstiegswinkel nur einen geringen Einfluss zeigt.

Die dabei erhaltenen Garne eröffnen die Möglichkeit über die Änderung der Biegung, eine Zugmessung mit größeren Dehnungen zu überwachen. Da in diesem Projekt als Demonstrator ein Sensortextil zur Detektion einer Druckbelastung hergestellt werden soll, wurde dieses Ergebnis in diesem Rahmen nicht weiterverfolgt. Auch bei der Herstellung eines Bestrahlungstextils sind frei auftretende Schlaufen aus modPPOF zu wenig zugfest für den Einsatz am Körper.

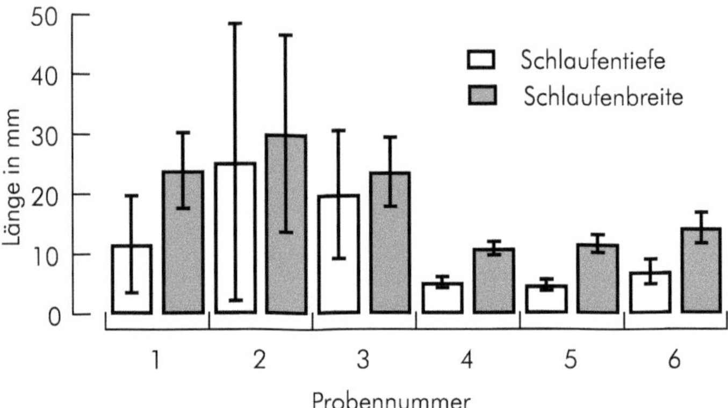

Bild 5.10: Statistische Auswertung der Ergebnisse der Flechtversuche
mit einer Probenlänge von 350 mm

Deshalb wurde auf Basis der Ergebnisse aus den ersten Experimenten die PPOF mit Mantel in Baumwollgarn eingeflochten. Dieses Garn
weist eine zu vernachlässigende Dehnbarkeit auf und umschließt somit
die PPOF vollständig und ohne diese zu biegen. Dabei wurden der kleine Flechtwinkel und ein Einstiegswinkel von 27° gewählt, letzterer neben den Versuchsergebnissen auch auf Basis von Erfahrungswerten des
Technikers an der Flechtmaschine mit Baumwollgarnen. In Bild 5.11 ist
ein dabei erhaltenes Flechtgarn dargestellt. Es kann im TFP-Verfahren in
Textilien integriert werden.

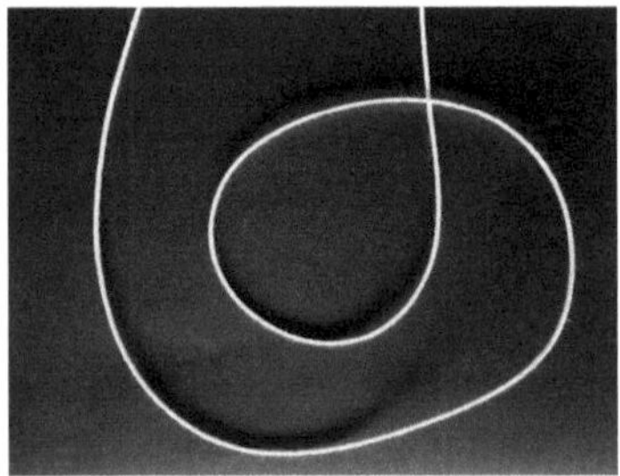

Bild 5.11: Mit Baumwollgarn ummantelte PPOF

5.2.3 Integration mit dem TFP-Verfahren

Bei den Versuchen an der TFP-Anlage wurden zunächst Parametertests durchgeführt, um für die Kombination aus Baumwollstoff, Stickgarn und polymerem Lichtleiter geeignete Parameter zu finden. Als erstes wurde manuell die Fadenspannung angepasst. In Bild 5.12 ist die Auswirkung auf das Stichmuster zu erkennen.

Anschließend wurden weitere Versuche zur PPOF-Integration durchgeführt. Um die Platzierung der optischen Faser hinsichtlich der Gleichmäßigkeit zu prüfen, wurden diese mit einem Stickmuster mit einem Biegungsradius von 5 mm hergestellt. Mit dem Stichmuster 5 (Maschinenbezeichnung) ergibt sich, wie in Bild 5.13 und in Tabelle 5.5 dargestellt, eine starke Orientierung der PPOF zur inneren Kante des Musters in der Biegung. Da dies die Gleichmäßigkeit des Stichmusters beeinträchtigt, wurde ein anderes Stichmuster gewählt, das eine bessere Orientierung der PPOF zur Mustermitte sicherstellt.

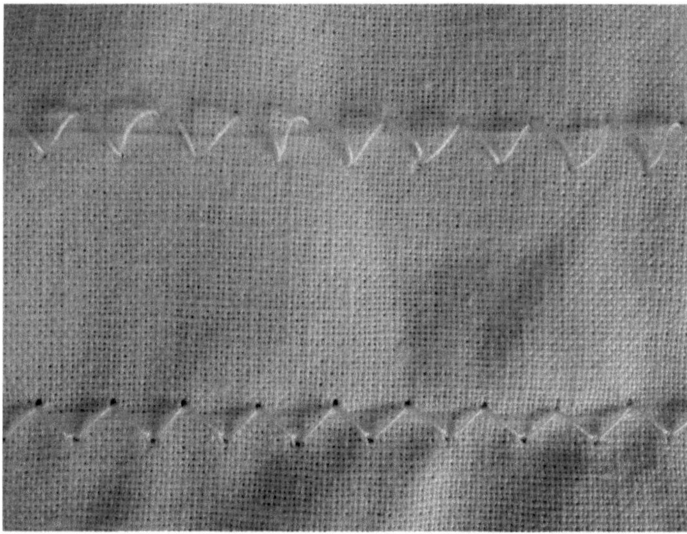

Bild 5.12: Auswirkungen der Fadenspannung auf das Stichmuster: oben mit kleiner Fadenspannung, unten mit erhöhter Fadenspannung

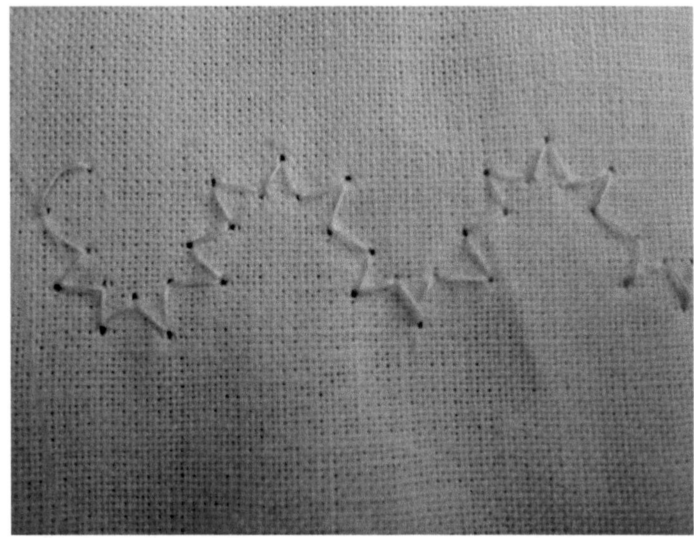

Bild 5.13: PPOF-Lage in der Biegung bei Stichmuster 5

Das gewählte Stichmuster 1 (Maschinenbezeichnung) weist eine höhere Abdeckung der PPOF auf, die diese besser greift. Neben der dadurch besseren Faserablage in der Mustermitte wird durch den höheren Bedeckungsgrad auch die optische Faser zusätzlich geschützt. Dies ist aufgrund der Empfindlichkeit der modPPOF von Bedeutung für den späteren Einsatz.

In Bild 5.14 sind die in diesem Schritt entstandenen Integrationsmuster dargestellt. Zu erkennen ist die höhere Bedeckung der optischen Faser und die Lage der Faser in Mustermitte in der Biegung. Die mikroskopischen Aufnahmen in Bild 5.15 verdeutlichen den hohen Bedeckungsgrad der optischen Faser und zeigen die genaue Lage im Verhältnis zur Kante. Zusätzlich machen sie klar, dass die PPOF durch die Integration im TFP-Verfahren nicht beschädigt wird. Es wurden in diesem Schritt verschiedene Stichmusterbreiten getestet, um einen Kompromiss zwischen möglichst exakter Platzierung der Faser (schmales Stichmuster) und der sicheren Faserintegration in der Kurve (breites Stichmuster) zu finden.

Bild 5.14: PPOF-Lage in der Biegung bei Stichmuster 5 mit einer Breite von 2,77 mm (oben) und 3,95 mm (unten)

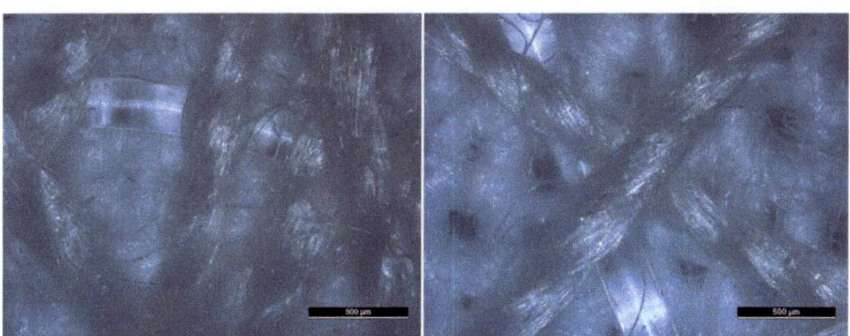

Bild 5.15: Optische Faser mit Schutzmantel in Stichmuster 5 (Musterbreite 3,95 mm) in der Biegung (links) und auf gerader Strecke (rechts)

Als Ergebnis der Parameteranalyse und der Integrationsanalyse wurde eine Breite des Stickmusters von 3,95 mm und das Stichmuster 1 ausgewählt. Die Stickmusterbreite entspricht in der Maschineneinstellung

Tabelle 5.5: Lage der PPOF in Abhängigkeit von Stichmuster und Stich-
breite (gemessen in mm von der inneren Kante des Stichmusters in der
Biegung)

Stichmuster	5	1	1	1
Breite des Stichmusters in mm	3,06	2,77	3,95	3,43
Abstand der PPOF zur inneren Kante in mm	0,82 ± 0,13	1,14 ± 0,07	1,68 ± 0,27	1,76 ± 0,32

einem Pantograph-Hub von 45. Die weiteren Maschinenparameter wurden folgendermaßen eingestellt:

- Stoffdrückerhöhe 45,

- Startwinkel 135°,

- Hub (Zick-Zack) 160,

- Z-Achse ausdrehen 190°.

Mit diesen Parametern wurden für Versuche zur Lichtabgabe und zum
Testen der Sensorfunktion Proben mit verschiedene Stickmustern hergestellt. Dabei wurden die PPOF 55MR, 80MR und 62SR verwendet. Alle
diese Fasern ergeben nach Ablösen des Mantels eine modPPOF mit einem Durchmesser von unter 100 μm, wie als Ziel vorgegeben.

5.2.4 Integration durch Weben

Die Webversuche wurden auf dem Handwebrahmen durchgeführt. Um
eine Ablösung des Schutzmantels der optischen Fasern zu erlauben, wurden die Versuche mit Baumwollgarn durchgeführt. Die hergestellten Proben waren 10 cm breit und 27,5 cm beziehungsweise 20 cm lang. Zwei
verschiedene Integrationsarten wurden getestet: Einbringung der optischen Fasern in den Kettfäden und Integration über den Schussfaden.
Die Fasern wurden in Mäandern und gerade eingebracht. Es wurden

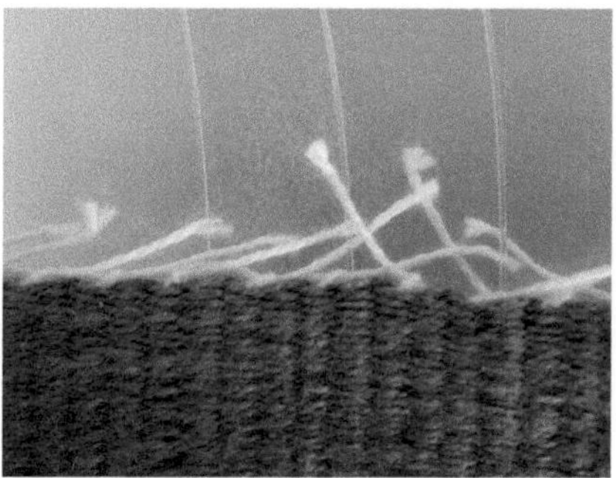

Bild 5.16: Probe gerade Integration: Randdetail

in den Mäandern Faserabstände von 1 cm und 0,5 cm verwendet. Die Fasern in der geraden Einbringung wurden mit einem Abstand von 1 cm eingebracht.

Die gerade Integration hat zu einem visuell guten Ergebnis geführt (siehe Bild 5.16). Es traten keine erkennbaren Faserknicke auf.

Bei der Integration in Mäanderform (siehe Bild 5.17) traten in den Biegungen am Rand Knicke auf. Diese werden voraussichtlich einen negativen Einfluss auf die Transmissionseigenschaften haben. Weitere Integrationsversuche unter Beachtung dieser Tatsache wurden durchgeführt.

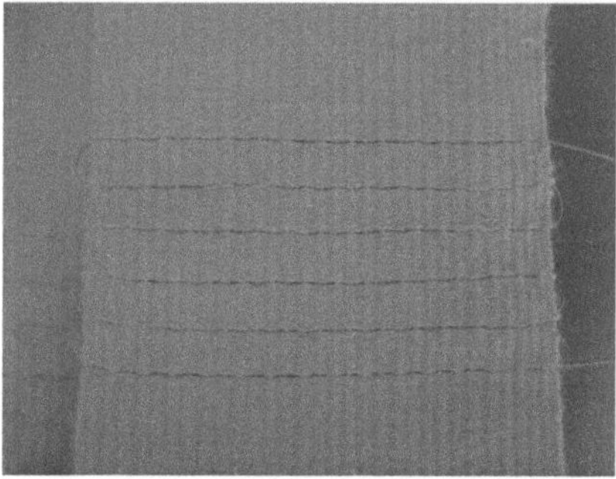

Bild 5.17: Integration in Mäanderform

5.2.5 Drapetestversuche

Bild 5.18 zeigt den Drapetest von Textechno am Faserinstitut Bremen
e. V., an dem die Verformungsversuche der Textilien mit integrierten Lichtleitern durchgeführt wurden. Als Textilmaterialien wurden Baumwoll-Kö-
per schwer, Baumwollfahnentuch und Batist eingesetzt. Aufnahmen des
Versuchsablaufs sind in Bild 5.19 dargestellt. In allen Untersuchungen
wurde kein Einfluss des Lichtleiters auf das Drapierverhalten des Textils
festgestellt. Die im Versuch erzeugten Verformungen, wie sie in Bild 5.20
a dargestellt sind, wirken sich jedoch deutlich auf die Lichtabstrahlungs-
eigenschaften aus, wie in Bild 5.20 b und Bild 5.20 c erkennbar ist.

Bild 5.18: Drapetest von Textechno am Faserinstitut Bremen e. V.

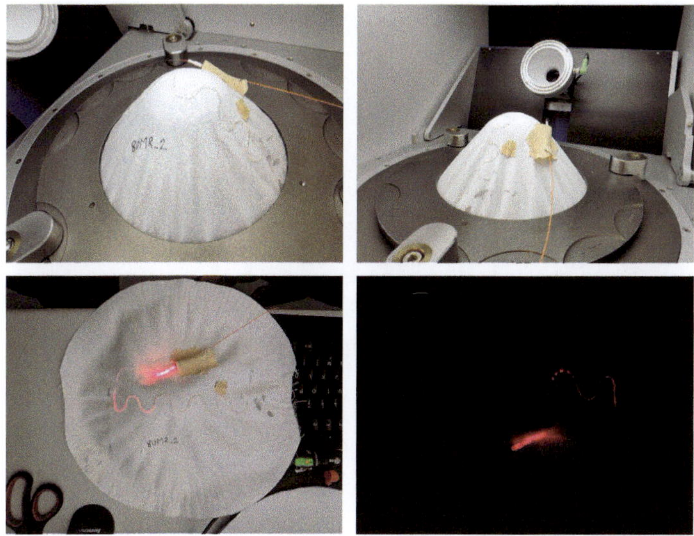

Bild 5.19: Belastungsversuche mittels Drapetest

Die Abstrahleigenschaften auf der Einkoppelseitenfläche bleiben erhalten, siehe Bild 5.20 c. Auf der Einkoppelseitenfläche treten im Versuchsablauf kaum Verformungen auf. Ab der Kuppel verschlechtern sich die Abstrahleigenschaften aufgrund der an dieser Stelle größten Verformungsradien bei gleichzeitig entstehendem Druck.

Zusammenfassend kann festgehalten werden, dass bei Integration der Lichtleitfaser mit einem minimalen Radius von 5 mm geeignete Abstrahleigenschaften für das Leuchttextil vorhanden sind. Verformungen zeigen erst bei Auslenkungen von mehr als 6 cm erkennbare Auswirkungen auf die Abstrahleigenschaften der integrierten modPPOF. Daher scheint das Beleuchtungstextil für das Tragen am Körper geeignet, da z. B. durch Armbewegungen Verformungen in einer vergleichbaren Größenordnung stattfinden und die wesentlichen Drapiereigenschaften des Substrattextils unbeeinflusst bleiben.

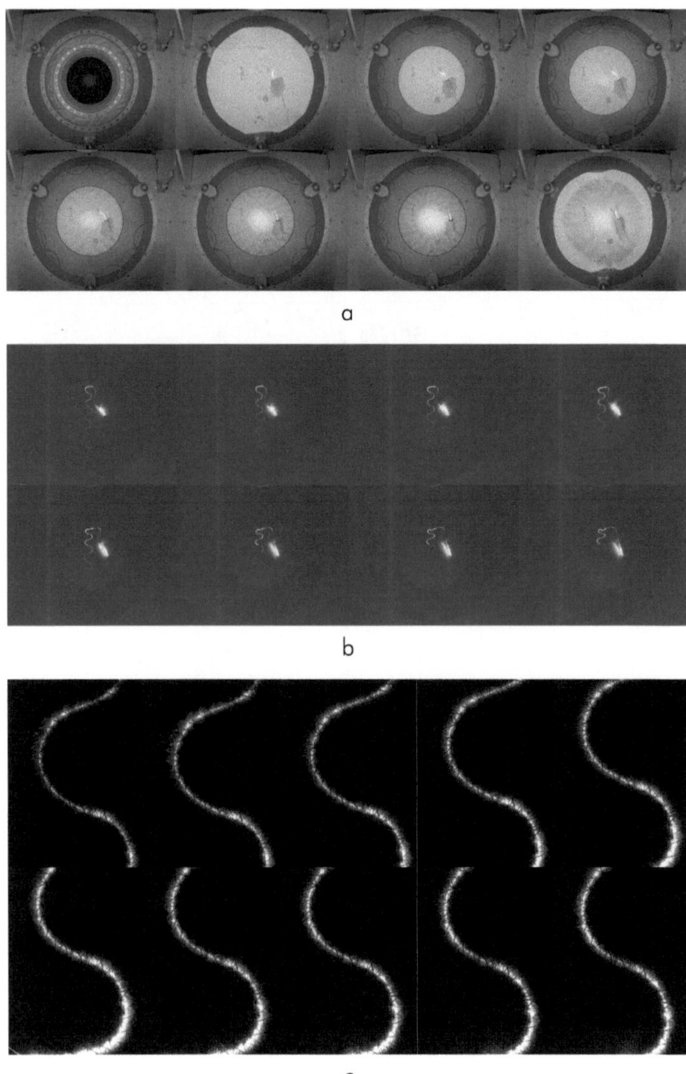

Bild 5.20: a) Drapetestdraufsicht vom Versuchsablauf bei Beleuchtung, b) gesamte Draufsichtaufnahme der Streustrahlung von acht Verformungsschritten, c) Details von zehn Verformungsschritten auf der Einkoppelseitenfläche

5.2.6 Konzepte zur Lichtleitereinbettung

In diesem Projekt wurden als Demonstratoren ein Leuchttextil für die Anwendung als Verband und ein Sensortextil zur Wahrnehmung von sich änderndem Druck entwickelt. Es wurde aber schon in der Recherche zum Antrag des Projektes klar, dass außer diesen Anwendungen auch noch viele weitere möglich sind.

Als erste mögliche Anwendung wurde die flächige Integration in gewirkten und gewebten Textilien besprochen. Dies würde Leuchttextilien für verschiedene Zwecke erlauben, darunter für die Beleuchtung von Räumen und für dekorative Zwecke. Aus diesem Bereich sind schon Produkte auf dem Markt, die dann eine Konkurrenz darstellen würden. Aufgrund des Preises der modPPOF muss bei dieser Anwendung ein deutlicher Mehrwert der besonders textilgerechten und flexiblen Fasern für die Anwendung vorliegen.

Ein deutlich größerer Markt für Leuchttextilien liegt bei persönlicher Sicherheitsausrüstung für Feuerwehr, Polizisten und andere, die in Gefahrenlagen tätig sind. Hier kann die modPOF ihre besonders tragegerechten Eigenschaften ausspielen. Neben den schon getesteten Integrationsmethoden TFP und Weben ist hier auch die Aufbringung der Fasern durch Klebung an schon vorhandener Ausrüstung aus Kostengründen denkbar.

Als weitere Anwendungsmöglichkeit wurde eine Nutzung der Sensorfunktion in Textilien direkt am Körper diskutiert. Dabei wäre vor allem die Überwachung von Bewegungen von Interesse. Das Anwendungsfeld liegt hier im medizinischen Bereich. Denkbar sind Anwendungen in der Rehabilitation, etwa nach Knie- oder Rückenverletzungen, und bei der Bewegungsüberwachung von bettlägerigen oder mobilitätseingeschränkten Patienten. Eine weitere derartige Anwendung wäre die Überwachung von Bewegungsabläufen im Sport. Da in diesem Bereich die Technisierung immer weiter fortschreitet, ist hier ein Markt zu finden.

Die Verwendung der modPPOF als Sensorfasern wurde auch für andere Gebiete diskutiert. Von besonderem Interesse dabei ist die Einbringung als Überwachungssensor in Fahrzeugen. Dabei soll durch die Druckverteilung die Position von Passagieren und besonders des Fahrers überwacht werden. Hier sind jedoch bereits andere Systeme verfügbar, gegenüber denen Lösungen mit der modPPOF keine Vorteile bieten. Diese Anwendung kombiniert mit der Bewegungsüberwachung ist auch für die Raumfahrt und dabei für die Überwachung der Astronauten von

Interesse. Hier haben modPPOF-Lösungen Vorteile in elektronisch störempfindlichen Bereichen. Auf letzterem Gebiet sind die modPPOF als nichtelektronische Sensoren auch für die Überwachung von mechanischen Bauteilen interessant, da sie nicht von im Weltraum auftretender Strahlung gestört werden.

Generell ist eine Überwachung von Biegung in mechanischen Bauteilen interessant als Anwendungsfeld. Die modPPOF weisen dabei den erwähnten Vorteil auf, dass sie nicht von elektrischen und magnetischen Feldern in ihrer Signalübertragung gestört werden. Zur Integration sind hier Klebemethoden, auch partieller Art, und das Eingießen in geeignete Elastomere interessant. Für größere Verformungen muss eine zusätzliche Relaxation der Sensorfaser möglich sein. Die weiter oben aufgeführten Ergebnisse der Flechtversuche können hier als Ausgangsposition dienen. Als dritte Integrationsmethode wurde die Einbringung in thermoplastische Verbundwerkstoffe aus Thermoplasten mit verschiedenen Schmelzpunkten diskutiert. Die modPPOF können darin mechanische Verformungen überwachen, ohne von außen als zusätzlich eingebrachter Sensor erkennbar zu sein. Dies ist bei Anwendungen im Interieur wichtig, wo diese Materialien zu finden sind. Die Temperaturbelastbarkeit der PPOF von 75 °C wird in vielen Fällen jedoch ein Ausschlusskriterium sein.

5.2.7 Empfehlungen zur Anwendung

In der Integration ist vor allem eine Nutzung der Faser mit Mantel sinnvoll bei den automatisierten Verfahren TFP und Flechten. Beim Weben hat sich herausgestellt, dass Randradien von mindestens 2 cm sowie eine sehr vorsichtige Einbringung nötig sind, sollte die PPOF im Schuss eingebracht werden. Eine Einbringung in der Kette ist möglich, aber aufgrund der Bedeckung nur für die Sensoranwendung geeignet. Bei der Integration im TFP-Verfahren können je nach gewähltem Stickmuster sowohl Leuchttextilstrukturen als auch Sensortextilstrukturen abgebildet werden.

5.3 Textilfunktionalität

5.3.1 Sensortextil

Es wurden mehrere Demonstratoren eines Sensortextils mit modPPOF aufgebaut. Die Integrationsart und der Textiltyp wirken sich auf die Druckempfindlichkeit der lichtleitenden Sensorfaser aus, wodurch sich der für

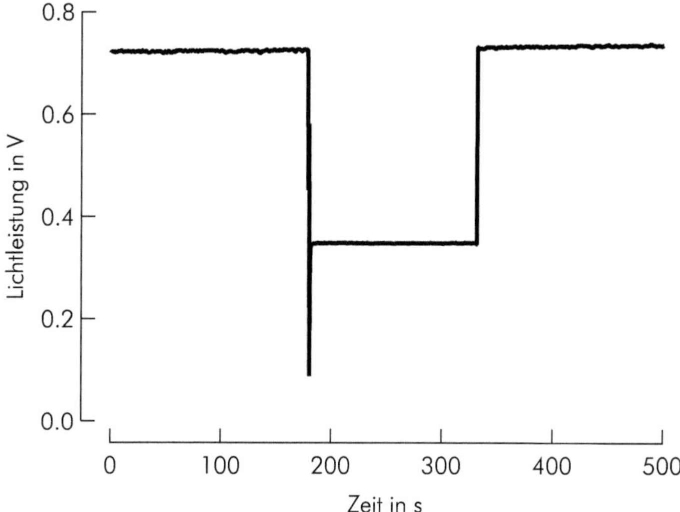

Bild 5.21: Lichtleistungsabnahme bei Druckbelastung

die Anwendung erforderliche Druckmessbereich einstellen lässt. Bei einem zu hohen Druck wird die im Textil integrierte Sensorfaser irreversibel zerstört. Liegt der aufgebrachte Druck in dem Arbeitsbereich des Sensortextils, stellt sich nach dem Lösen des Drucks wieder der ursprüngliche Zustand der Sensorantwort ein, wie in der in Bild 5.21 dargestellten Messung gezeigt ist.

5.3.2 Bestrahlungstextil

Demonstratoren von Bestrahlungstextilien beziehungsweise von Beleuchtungstextilien konnten auf verschiedene Weisen mit unterschiedlichen Abstrahleigenschaften realisiert werden. Ein Beispiel ist in Bild 5.22 in verschiedenen Belastungszuständen dargestellt.

Bild 5.23 zeigt eine auf ein Textil aufgestickte modPPOF, in die rotes Laserlicht eingekoppelt ist. Durch das Streulicht wird die Mäanderstruktur deutlich sichtbar.

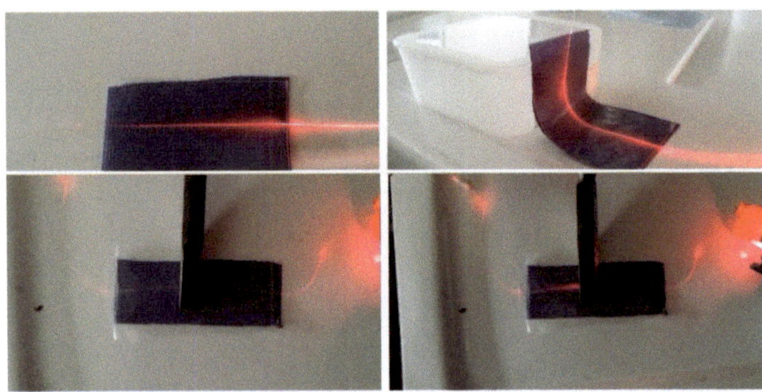

Bild 5.22: Bestrahlungstextil in verschiedenen Belastungszuständen

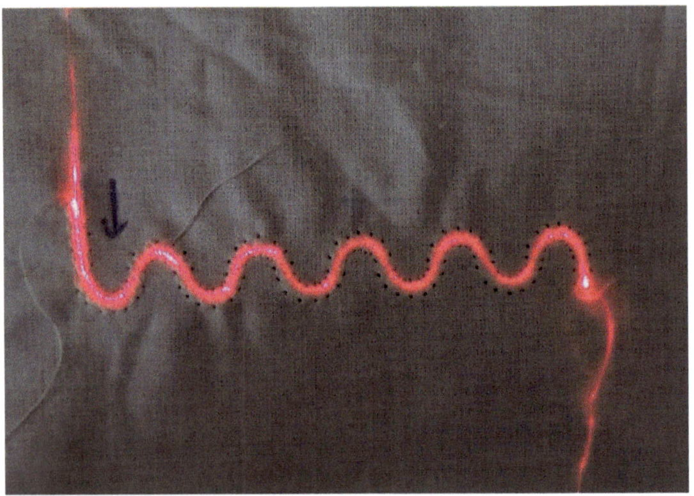

Bild 5.23: Bestrahlungstextil mit aufgestickter Lichtleitfaser

5.3.3 Gebrauchseigenschaften

Aufgrund des teflonartigen Materials sollte die medPPOF waschbar sein, sofern die Waschtemperaturen unter 70 °C sind und sich die mechanischen Belastungen während des Waschvorgangs nicht negativ auf den Lichtleiter auswirken. Von der Sterilisierbarkeit der modifizierten Polymerfaser kann ausgegangen werden, da die Sterilisierbarkeit der perfluorierten MedPOF® an anderer Stelle nachgewiesen werden konnte. MedPOF® ist in ihren Materialeigenschaften identisch zu den im LisenteX-Projekt verwendeten Fasern.

5.3.4 Analyse und Bewertung

Zusammenfassend ist festzustellen, dass die im Durchmesser reduzierten Lichtleitfasern textilgerechtere Eigenschaften haben als kommerzielle Lichtleitfasern. Durch die Anbringung von Ferrulen an die Faserenden ist die standardmäßige Kopplung zu Lichtquellen, wie Leuchtdioden und Lasern, sowie Fotodioden und anderen Lichtdetektoren realisiert. Mit allen untersuchten Integrationsverfahren ist die Einbringung der modPPOF in Textilien möglich, wobei es in den meisten Fällen vorteilhaft ist, den Stützmantel der PPOF erst nach dem textilen Integrationsprozess abzulösen. Mit dem TFP-Verfahren lässt sich die PPOF am individuellstem mit dem Textil verbinden, wobei die Handhabung der Lichtleitfasern bei allen textilen Integrationsverfahren herausfordernd ist.

5.4 Dokumentation und Bewertung

5.4.1 Wirtschaftlichkeitsbewertung

Für den Einsatz der modPPOF in industriell hergestellten Produkten muss die Wirtschaftlichkeit der Fasern hinsichtlich des Materialpreises, der Prozesskosten und der Anlagenkosten betrachtet werden. Auf dieser Basis kann dann eine Abschätzung getroffen werden, in welchen Branchen eine Einführung der modPPOF für kleine und mittlere Unternehmen (KMU) sinnvoll ist.

In Tabelle 5.6 ist ist ein Preisvergleich für verschiedene polymeroptische Fasern ohne äußeren Schutzmantel dargestellt. Es ist zu erkennen, dass die in dieser Arbeit verwendeten perfluorierten polymeroptischen Fasern im Preis deutlich höher liegen als die handelsüblichen PMMA-Fasern. Eine industrielle Herstellung von 2000 m modPPOF würde bei der Firma Chromis Fiberoptics 10 000 US$ kosten [51].

Tabelle 5.6: Preisvergleich verschiedener polymeroptischer Fasern mit Schutzmantel

Hersteller		AGC Inc		Chromis Fiberoptics	
Fasertyp	PMMA	80MR	55MR	62SR	50SR
Preis in €/m	0,08	3,93	2,80	1,00	1,00

Für das TFP-Verfahren ist es technisch nötig, die Verarbeitung der optischen Fasern mit Schutzmantel durchzuführen, um ein qualitativ hochwertiges Ergebnis zu erreichen, beziehungsweise die Integration überhaupt zu ermöglichen.

Bei der Kontaktierung der Fasern treten ebenfalls Materialkosten auf. Da Spezialferrulen für die Kontaktierung der durchmesserreduzierten Fasern benötigt werden, ist im Rahmen dieses Projektes eine Recherche zu Herstellern auf diesem Gebiet und zur Preisstruktur durchgeführt worden. Die Ergebnisse sind in Tabelle 5.7 zu finden.

Tabelle 5.7: Preise für Spezialferrulen

Firma	Material	Innendurch- messer in µm	Preis in €	Bemerkung
Kientec Systems Inc.	Keramik	80 170	3,22 2,51	
CM Scientific Ltd.	Borosilikat	80	7,40	Minimum ~2200 € pro Bestellung
Diamond GmbH	Keramik mit Titaneinsatz	100 170	2,58 2,58	
Thorlabs GmbH	Keramik	126	1,92	10er Pack

Es ist nur dann ein PPOF Einsatz wirtschaftlich sinnvoll, wenn die speziellen Eigenschaften der PPOF erforderlich sind. Als Einsatzgebiet der modPPOF wird vor allem die Nutzung der Faser mit ihrer Sensorfunktion in medizinischen Textilien gesehen. Als Leuchttextilanwendung wird die Demonstratoranwendung „Wundauflage" favorisiert.

5.5 Weiterführende Ansätze

Im Webverfahren ist eine Integration im Schuss mit leichtem Zug möglich, es muss jedoch am Rand auf ausreichend große Radien geachtet werden. Eine Möglichkeit, um ausreichende Bedeckung in der Anwendung sicherzustellen, ist die räumliche Überlagerung mehrerer Mäander in einer Fläche und die Kontaktierung dieser modPPOF mit einem Mehrfachstecker. Dadurch könnte eine dichte Lichtbestrahlung erreicht werden.

Die Garnintegration erlaubt in Kombination mit einem dehnbaren Garn, wie in Abschnitt 5.2.2 Garnintegration dargestellt, die Einbringung von Schlaufen. Auf dieser Basis könnten optische Zugsensoren für größere Zugbereiche realisiert werden. Basieren könnte ein solcher Sensor auf der sich durch die Begradigung der Schlaufen einstellenden Dämpfungsänderung. Hierfür müssen umflechtendes Garn und Lichtleiter angepasst werden. Wegen der einzubringenden Biegung muss der Lichtleiter jedoch zwingend aus polymerem Material sein.

Um die Sensorfunktion der modPPOF zu erweitern und um lokalisierte Informationen zu ergänzen, ist eine Beschreibung der modPPOF mit Bragg-Gittern möglich. Die dadurch erhältlichen Temperatur- und Belastungsinformationen könnten zum Beispiel in der Überwachung von Patienten auf Intensivstationen oder als Thermometerersatz bei Frühchen genutzt werden.

6 Nutzen für den Mittelstand

6.1 Wissenschaftlich-technischer Nutzen

Erstmals wurden mit textilen Fertigungsmethoden durchmesserreduzierte, perfluorierte Polymerlichtwellenleiter in Textilien integriert und auf ihre Funktionalität untersucht. Im Vergleich zu kommerziellen Lichtleitfasern zeichnen sich durchmesserreduzierte, perfluorierte Polymerlichtwellenleiter durch ihre besonders textilgerechten Eigenschaften aus: geringere Steifigkeit, geringere Sprödigkeit, höhere Bruchdehnung, kleinere mögliche Biegeradien und höhere chemische Beständigkeit als andere optische Polymerfasern. Eigenschaften der durchmesserreduzierten, perfluorierten Polymerlichtwellenleiter wurden in den Untersuchungen quantitativ ermittelt und Ansätze wie Lösungen für die Kontaktierung der modifizierten Lichtleiter bereitgestellt. Das Material- und Funktionsverhalten der durchmesserreduzierten Lichtleiter im Textilverbund wurde untersucht und in Gestaltungsregeln für lichtleiterbasierte Funktionstextilien berücksichtigt. Der funktionale Einsatz der Textilien mit integrierten durchmesserreduzierten Lichtleitfasern konnte erfolgreich dargelegt werden. Umgesetzt wurden anhand von Demonstratoren sowohl ein Beleuchtungstextil als auch ein Sensortextil zur Erkennung von Druckänderungen.

6.2 Wirtschaftlicher Nutzen insbesondere für kleine und mittlere Unternehmen

Mit dem Projekt *LisensteX* wurden Erkenntnisse für die Vermarktung von lichtleiterbasierten Funktionstextilien aus modifizierten, am Markt verfügbaren perfluorierten polymeroptischen Fasern generiert. Basiswissen für die Herstellung von perfluorierten polymeroptischen Fasern mit einem Durchmesser kleiner als 200 µm liegt vor wie auch die optischen und thermomechanischen Kennwerte dieser Lichtleiter integriert im Textil. Die Ergebnisse für Gestaltungsregeln und den Aufbau von Funktionsmustern liegen vor und stehen KMU zur Verfügung. Die Forschungsergebnisse bringen die mittelständischen Firmen aus den Branchen der Textil- und Medizintechnik in die Lage, Entwicklungsmöglichkeiten für lichtleiterbasierte Funktionstextilien und die dafür erforderlichen Zeitachsen und Investitionen zu überschauen und einzuschätzen.

6.3 Innovativer Beitrag

Umgesetzt wurden anhand von Demonstratoren sowohl Beleuchtungs-textilen als auch Sensortextilen zur Erkennung von Druckänderungen mit verbessertem Tragekomfort und verbesserter Haptik von Textilien mit Lichtleitern, die nah am Körper und direkt auf der Haut getragen werden. Potenzial für weitere Innovationen ist vorhanden.

6.4 Industrielle Anwendung

Industrielle Anwendungsmöglichkeiten für die modifizierte optische Faser werden insbesondere in den Bereichen der Funktionstextilien und der Medizintechnik gesehen. Beispielhaft seien hier die Verwendung des Funktions- beziehungsweise Sensortextils in einem Bewegungs-, Verformungs- oder Vitalparametermonitoringsystem aufgeführt. Zudem ist die Anwendung des Funktionstextils als Beleuchtungstextil in einem Wundverband für die Unterstützung der Wundheilung mit blauem Licht aussichtsreich. Auch sollten die durchmesserreduzierten optischen Fasern derart funktionalisiert werden können, dass sie auch als pH-Sensor und Feuchtigkeitssensor eingesetzt werden können.

Danksagung

Das Forschungsvorhaben „Lichtleiterbasierte körpernahe Funktionstex-tilien (*LisensteX*)" (IGF-Vorhaben Nr.: 20206 N) der Forschungsverei-nigung Forschungskuratorium Textil e. V. wurde über die AiF im Rahmen des Programms zur Förderung der industriellen Gemeinschaftsförderung (IGF) vom Bundesministerium für Wirtschaft und Energie aufgrund eines Beschlusses des Deutschen Bundestages gefördert. Dafür möchten wir an dieser Stelle ganz herzlich danken.

Darüber hinaus gilt unser Dank den Mitgliedern des projektbegleiten-den Ausschusses für die rege Zusammenarbeit und die Unterstützung der Forschungsarbeiten:

- Composite Technology Center GmbH Stade,

- Digel Sticktech GmbH & Co. KG,

- ETTLIN Spinnerei und Weberei Productions GmbH & Co. KG,

- ficonTEC Service GmbH,

- ITP GmbH,

- OHB System AG,

- PhotonicNet GmbH,

- POFNETZ GmbH,

- Rökona Textilwerk GmbH,

- Textechno Herbert Stein GmbH & Co. KG,

- TWD Fibres GmbH,

- VEW Vereinigte Elektronikwerkstätten GmbH.

Literatur

[1] Ye, C. C.; Dulieu-Barton, J. M.; Webb, D. J.; Zhang, C.; Peng, G.-D.; Chambers, A. R.; Lennard, F. J.; Eastop, D. D.: Applications of polymer optical fibre grating sensors to condition monitoring of textiles, Journal of Physics: Conference Series 178 (2009) 012020 1–5 (zitiert auf Seite 7)

[2] Witt, J.; Krebber, K.; Kinet, D.; Narbonneau, F.: Respiratory motion sensor design, Deliverable, Bericht, OFSETH - Optical Fibre Sensors Embedded into technical Textile for Healthcare (OFSETH) (2007) (zitiert auf Seite 7)

[3] Clevertex (Development of a strategic Master Plan for the transformation of the traditional textile and clothing into a knowledge driven industrial sector by 2015) Report on Intelligent Textiles, State of the art CLEVERTEX (Projekt gefördert von der Europäischen Union im sechsten Rahmenprogramm) (2005) (zitiert auf Seite 7)

[4] Luo, Y.; Wang, X.; Yan, B.; Wang, T.; Wu, W.; Peng, G.-D.; Zhang, Q.: Analysis of viscoelasticity of POF gratings in the stress sensing, Optics Communications 308 (2013) 175–181 (zitiert auf Seite 7)

[5] Liehr, S.; Fibre optic sensing techniques based on incoherent optical frequency domain reflectometry, Hrsg.: BAM Bundesanstalt für Materialforschung und -prüfung, Berlin, BAM-Dissertationsreihe 125 (2015) (zitiert auf Seite 7)

[6] Krebber, K.: Smart technical textiles based on fiber optic sensors. In: Current Developments in Optical Fiber Technology, Sulaiman Wadi Harun (Hrsg.), InTech (2013) (zitiert auf den Seiten 7, 8, 9)

[7] Applegate, M.; Mitropoulos, A.; Perotto, G.; Kaplan, D.; Omenetto, F.: Biocompatible Silk Fibroin Optical Fibers, in Advanced Photonics 2015, OSA Technical Digest (online) (Optical Society of America) (2015) Artikel NT1B.4. (zitiert auf Seite 7)

[8]   Quandt, B. M.; Scherer, L. J.; Boesel, L. F.; Wolf, M.; Bona, G. L.; Rossi, R. M.: Body-monitoring and health supervision by means of optical fiber-based sensing systems in medical textiles, Adv. Healthc. Mater. 4 (2015) 330–355 (zitiert auf Seite 7)

[9]   Beckers, M.; Plümpe, M. K.; Mecnika, V.; Gries, T.; Bunge, C.-A.: Verarbeitbarkeit von optischen Polymerfasern in textilen Strukturen, Tagungsband: Zweites Deutsches POF Symposium 2014, Beckers, M.; Bunge, C.-A.; Caspary, R.; Fahlbusch, T.; Johannes, H.-H.; Kowalsky, W.; Ziemann, O. (Hrsg.), 17. und 18. November 2014, Braunschweig, Berichte aus dem PhotonicNet, Hrsg. der Reihe Fahlbusch, T., PZH (Produktionstechnisches Zentrum Hannover) Verlag, Wissenschaftlicher Verlag der TEWISS-Technik und Wissen GmbH 2 (2015) 163–178 (zitiert auf Seite 7)

[10] Selm, B.; Gurel, E. A.; Rothmaier, M.; Rossi, R. M.; Scherer, L. J.: Polymeric optical fiber fabrics for illumination and sensorial applications in textiles, J. Intell. Mater. Syst. Struct. 21 (2010) 1061–1071 (zitiert auf den Seiten 7, 8)

[11] Keiser, G.; Xiong, F.; Cui, Y.; Shum, P.: Review of diverse optical fibers used in biomedical research and clinical practice, J. Biomed. Opt. 19 (2014) 080902-1– 080902-29 (zitiert auf Seite 7)

[12] Hachicha, B.; Overmeyer, L.: In-line production, optronic assembly and packaging of polymer optical fibers, in: K.-D. Thoben, M. Busse, B. Denkena, J. Gausemeier (eds.) Proceedings of the 2nd International Conference on System-Integrated Intelligence: Challenges for Product and Production Engineering, Bremen, Germany (2014) 123–131 (zitiert auf Seite 7)

[13] Evert, R.; Zaremba, D.; Johannes, H.-H.; Caspary, R.; Kowalsky, W.: Entwicklung von Kern-/Mantelstrukturen in Polymerfasern und Anwendung in der Sensorik; Tagungsband: Zweites Deutsches POF Symposium 2014, Beckers, M.; Bunge, C.-A.; Caspary, R.; Fahlbusch, T.; Johannes, H.-H.; Kowalsky, W.; Ziemann,O. (Hrsg.), 17. und 18. November 2014, Braunschweig, Berichte aus dem PhotonicNet, Hrsg. der Reihe Fahlbusch, T., PZH (Produktionstechnisches Zentrum Hannover) Verlag, Wissenschaftlicher Verlag der TEWISS-Technik und Wissen GmbH 2 (2015) 49–63 (zitiert auf den Seiten 7, 8)

[14] Möhl, S.; Cichosch, A.; Schütz, S.; Evert, R.; Caspary, R.; Kowalsky, W.; Johannes, H.-H.: POF fabrication for fiber amplifiers, Poster; Tagungsband: Zweites Deutsches POF Symposium 2014, Beckers, M.; Bunge, C.-A.; Caspary, R.; Fahlbusch, T.; Johannes, H.-H.; Kowalsky, W.; Ziemann, O. (Hrsg.), 17. und 18. November 2014, Braunschweig, Berichte aus dem PhotonicNet, Hrsg. der Reihe Fahlbusch, T., PZH (Produktionstechnisches Zentrum Hannover) Verlag, Wissenschaftlicher Verlag der TEWISS-Technik und Wissen GmbH 2 (2015) 201 (zitiert auf Seite 7)

[15] Ziemann, O.; Krauser, J.; Zamzow, P. E.; Daum, W.: POF-Handbuch. Springer Berlin u. a. (2007) (zitiert auf Seite 7)

[16] Bunge, C.-A.; Beckers, M.; Gries, T.; Bremer, K.; Roth, B.: Dopant-free fabrication process for graded-index polymer optical fiber solely based on temperature treatment, ICTON 2015: International Conference on Transparent Optical Networks, 5.–9. Juli 2015, Budapest, Ungarn (2015) (zitiert auf Seite 7)

[17] Sáez-Rodríguez, D.; Nielsen, K.; Rasmussen, H. K.; Bang, O.; Webb, D. J.: Highly photosensitive polymethyl methacrylate microstructured polymer optical fiber with doped core, Opt. Lett. 38 (2013) 3769–3772 (zitiert auf Seite 7)

[18] Advanced fiber optics concepts and technology Engineering sciences, Electrical engineering, Hrsg.: Thévenaz, L., Series: Engineering Sciences, Lausanne, Schweiz: EPFL Press, distributed by CRC Press (2011) (zitiert auf Seite 8)

[19] Krehel, M.; Wolf, M.; Boesel, L. F.; Rossi, R. M.; Bona, G.-L.; Scherer, L. J.: Development of a luminous textile for reflective pulse oximetry measurements, Biomedical Optics Express 5 (2014) 2537–2547 (zitiert auf Seite 8)

[20] Masuda, A.; Murakami, T.; Honda, K.; Yamaguchi, S.: Optical properties of woven fabrics by plastic optical fiber, Journal of Textile Engineering 52 (2006) 93–97 (zitiert auf Seite 8)

[21] Zubkov, A. I.; Khizhnyak, S. D.; Pakhomov, P. M.; Levin, V. M.: A study of crazing in polymeric optical fibers, Mechanics of Composite Materials 38 (2002) 69–72 (zitiert auf Seite 8)

[22] Krehel, M. P.; Rossi, R. M.; Bona, G.-L.; Scherer, L. J.: Polymeric optical fibers for sensing in textiles (Poster) TecInTex: Technology Integration into Textiles: Empowering Health and Security (2013) (zitiert auf Seite 8)

[23] Rothmaier, M.; Luong, M. P.; Clemens, F.: Textile pressure sensor made of flexible plastic optical fibers, Sensors 8 (2008) 4318–4329 (zitiert auf Seite 8)

[24] Zhou, G.; Pun, C.; Tam, H.; Wong, A.; Lu, C.; Wai, P.: Single-mode perfluorinated polymer optical fibers with refractive index of 1.34 for biomedical applications. IEEE Photonic. Tech. L. 22 (2010) 106–108 (zitiert auf Seite 8)

[25] Massaroni, C.; Saccomandi, P.; Schena, E.: Medical smart textiles based on fiber optic technology: An overview, Funct. Biomater. 6 (2015) 204–221 (zitiert auf Seite 8)

[26] DIN CEN/TR 16298:2012-02 (D) Textilien und textile Produkte - Intelligente Textilien - Definitionen, Klassifizierung, Anwendungen und Normungsbedarf; Deutsche Fassung CEN/TR 16298:2011 (2012) (zitiert auf Seite 8)

[27] MEDTECH-TRENDS, Smarte Textilien für die Medizin, Online-Artikel, 04.07.2014, Hrsg.: BVMed - Bundesverband Medizintechnologie e. V. https://www.bvmed.de/print/de/technologien/ trends/smarte-textilien-fuer-die-medizin/_2-textilintegrierte-versus-textilbasierte-systeme (12. 02. 2016) (zitiert auf den Seiten 8, 9)

[28] Park, S.; Mackenzie, K.; Jayaraman, S.: The wearable motherboard: a framework for personalized mobile information processing (PMIP). In Proceedings of DAC 2002, June 10–14, 2002, New Orleans, Louisiana, USA (2002) 170–174 (zitiert auf Seite 9)

[29] Müller, L.; Küppers, S.; Christof, H.; Gresser, G. T.: Integration von Sensoren in Faserverbundbauteile; 2. Symposium lightweight SOLUTIONS Hannover; Deutsche Messe, 28.–29. Januar 2015, Hannover, Germany (2015) (zitiert auf Seite 9)

[30] Friedrich, L.; Schiebel, P.; Herrmann, A. S.: A New Fiber Placement Technology for flexible 2D and 3D Hybrid Preforms, SAMPE Europe Technical Conference and "Table-Top" Exhibition, SETEC 11, 14.–16. September 2011, Leiden, Niederlande (2011) (zitiert auf Seite 9)

[31] Materialhybride TFP Preforms – Entwicklung von belastungsoptimierten und sen-sorierten Faserverbundstrukturen für mittlere und große Serien; Entwicklung eines neuartigen sensorierten TFP-Hybrid-Preforms und die Analyse des Imprägnie-rungs- und Konsolidierungsverhaltens (Förderkennzeichen: KF2444811EB4) (zitiert auf Seite 9)

[32] Thiele, E.; Erth, H.; Arnold, R.; Habel, W.; Krebber, K.; Döring, H.; Glötzl, R.: Applikation optischer Fasern in Textilflächen, 45. Chemiefasertagung Dornbirn, Österreich, 22. bis 24. September 2006 (2006) 4 Seiten (zitiert auf Seite 10)

[33] Schlussbericht zu dem vom Bundesministerium für Bildung und Forschung (BMBF) geförderten InnoRegio-Projekt Reg.-Nr.: 03i1839A, Kurztitel: LEUCHTTEXTILIEN, Vorhabensbezeichnung: Entwicklung selbst leuchtender Textilien für den Bereich Haus- und Heimtextilien sowie von Bekleidung, Greiz (2006) (zitiert auf Seite 10)

[34] Pelzl, R.: Entwicklung selbstleuchtender Textilien für den Bereich Haus- und Heimtextilien sowie Bekleidung, Teilprojekt 9: Gewebe mit Lichtwellenleitern, Laufzeit: 01.05.2004 bis 30.04.2006, Gefördertes Projekt des Bundesministeriums für Bildung und Forschung, Förderkennzeichen: 03 i 1839 J, Abschlussbericht (2006) (zitiert auf Seite 10)

[35] Verbundprojekt Lumitex - Textilien mit elektrolumineszierenden Eigenschaften für Sicherheitsbekleidung und technische Anwendungen;Förderkennzeichen 13N9503 bis 13N9509 (zitiert auf Seite 10)

[36] Schlussbericht zum Rahmenprogramm „Mikrosysteme 2004–2009" des BMBF, MST 16SV3450, Texoled - Textilintegrierte und textilbasierte LEDs und OLEDs, Entwicklung neuer Technologien zur Erzeugung textiler Flächen und Fäden mit hoher Leuchtdichte (2010) (zitiert auf Seite 10)

[37] Abschlussbericht, Förderkennzeichen:16SV4039, Vorhabensbezeichnung: LUMOLED Technologieplattform für textilbasierte organische Lichtquellen und adressierbare Leuchttextilien, Teilvorhaben: Entwicklung von textilen OLEDs, Laufzeit des Vorhabens:
01.05.2010–31.10.2012 (2013) (zitiert auf Seite 10)

[38] Technologieplattform für textilbasierte organische Lichtquellen
und adressierbare Leuchttextilien, Schlussbericht, Teilvorhaben:
Leitfähige Trägergewebe für OLEDs und μ-LEDs (2012) (zitiert auf
Seite 10)

[39] Schlussbericht zur KMU Innovationsoffensive - NanoChance
NANO-437-008, Vorhabensbezeichnung: MedKontakt, Erforschung anodisierter versilberter Garne mit permanentem ioni-
schen Nanofilm zur Behandlung neuronaler Lähmungen, Teilvorhaben: Erforschung von Redoxschichten auf versilberten Garnen
(2016) (zitiert auf Seite 10)

[40] Schlussbericht zum Forschungsthema: Sensitive Textilstrukturen
zur Erschließung neuer Anwendungsmöglichkeiten in der Bau-
und Sicherheitstechnik, AiF-Vorhaben-Nr. / GAG: 192 ZBG 1 /
V (2008) (zitiert auf Seite 10)

[41] Entwicklung neuartiger multifunktionaler Bautextilien zum großflä-
chigen Feuchtemonitoring von Holz- und Betonbauwerken, Laufzeit: 01.04.2011–30.09.2013, Vorhaben-Nr. 17110 N (zitiert auf
Seite 10)

[42] Europäische Kommission, Gemeinschaftsforschung, Forschungsergebnisse für KMU–III, Förderung der Innovation und Einbezie-
hung von KMU, KMU im Vierten und Fünften Rahmenprogramm,
September (2002) Blatt Nr 431D (zitiert auf Seite 11)

[43] Optical Fibre Sensors Embedded into technical Textile for Healthcare monitoring, Projektstart: 1. März 2006, Dauer: 42 Monate,
http://www.ofseth.org (12. 02. 2016) (zitiert auf Seite 11)

[44] Pasche, S.; Schyrr, B.; Ischer, R.; Scolan, E.; Ferrario, D.; Porchet,
J.-A.; Voirin, G.: TecInTex – An Integrated Biosensor for the
In-situ Monitoring of Wound Healing; in: CSEM Centre Suisse
d'Electronique et de Microtechnique SA, Scientific and Technical
Report (2010) 24 (zitiert auf Seite 11)

[45] Gorgutsa, S.; Berzowksa, J.; Skorobogatiy, M.: 3 - Optical fibers for smart photonic textiles. In: Multidisciplinary Know-How for Smart-Textiles Developers, Woodhead Publishing Series in Textiles, edited by Tünde Kirstein, Woodhead Publishing (2013) 70–91, 92e-107e (zitiert auf Seite 11)

[46] Berglin, L.: Smart textiles and wearable technology – A study of smart textiles in fashion and clothing, Bericht innerhalb des Baltic Fashion Projekts, Swedish School of Textiles, University of Borås (2013) (zitiert auf Seite 11)

[47] Functional Materials Application Group, Fontex fiber (2018) (zitiert auf Seite 16)

[48] Chromis Fiberoptics, GigaPOF - 62SR. Short-reach perfluorinated optical fiber (2019) (zitiert auf Seite 16)

[49] Chromis Fiberoptics, GigaPOF - 50SR. Short-reach perflourinated optical fiber (2019) (zitiert auf Seite 16)

[50] Chromis Fiberoptics, GigaPOF - 120SR. Short-reach perfluorinated optical fiber, (2019) (zitiert auf Seite 16)

[51] Mannino, D.: Custom Fiber, Chromis Fiberoptics (2019) (zitiert auf Seite 45)